Ajay Dhanopia

Conceção e otimização de biomateriais para placas protésicas

Ajay Dhanopia

Conceção e otimização de biomateriais para placas protésicas

ScienciaScripts

Imprint

Cover image: www.ingimage.com

This book is a translation from the original published under ISBN 978-620-2-07206-9.

Publisher:
Sciencia Scripts
is a trademark of
Dodo Books Indian Ocean Ltd. and OmniScriptum S.R.L publishing group

120 High Road, East Finchley, London, N2 9ED, United Kingdom
Str. Armeneasca 28/1, office 1, Chisinau MD-2012, Republic of Moldova, Europe
Printed at: see last page
ISBN: 978-620-8-28348-3

Reconhecimento

Gostaria de exprimir a minha gratidão ao **Prof. (Dr.) Manish Bhargava,** Departamento de Engenharia Mecânica, Maharishi Arvind Institute of Engineering and Technology, Jaipur, pela sua valiosa orientação, motivação, encorajamento com vastos conhecimentos e apoio que me deu durante este projeto. Estou-lhe muito grato pelas discussões, que me ajudaram muito a clarificar as minhas ideias.

Gostaria também de agradecer ao **Dr. Arun Partani-** Senior Orthopedic Surgeon, Shri Durlabhji Hospital, Jaipur, que me ajudou a concluir o meu projeto dando sugestões valiosas.

Agradeço também especialmente ao **Sr. Mandeep Singh** -Reader, que me ajudou a concluir o meu projeto dando sugestões valiosas.

Foi uma experiência agradável aprender e estudar na proximidade de todos os professores que, direta ou indiretamente, me apoiaram ao longo do meu programa M.Tech. programa.

Agradeço sinceramente a todos os meus colegas e também ao pessoal do Maharishi Arvind Institute of Engineering and Technology, Jaipur, que me ajudaram direta ou indiretamente durante o meu projeto.

Índice

Nomenclatura

Latin Letters

L_1	Maximum length
L_2	Trochanter length
B_1	Proximal breadth
D_1	Head vertical diameter
D_2	Head transverse diameter
D_3	Neck vertical diameter
D_4	Neck transverse diameter
D_5	Midshaft circumference
D_7	Midshaft transverse diameter
B_2	Distal breadth
L	Length of plate
B	Width of plate
T	Thickness of plate
R	Radius of screw hole
R_1	Radius of wire hole
B_1	Width of screw hole
L_1	Length of screw hole
d_1	Minor diameter
d_2	Major diameter
p	Pitch
l	Shank length
L	Over length
F	Static force vector
k	Spring constant of material
x	Displacement of material

Greek letters

Θ	Collo-diaphyseal angle
σ_e	Equivalent stress
δ_t	Total deformation
ρ	Material density

Subscript

t	Total deformation
e	Equivalent stress

Abbreviations

FEA	Finite element analysis
FEM	Finite element modeling
3D	Three dimensional
R&D	Research and development
PMMA	Poly methyl methacrylate
CT	Computer tomography
CAD	Computer aided design
HVD	Head vertical diameter
DCP	Dynamic compression plate
PPF	Periprosthetic femoral fracture

Resumo

A fratura óssea é um dos traumas mais comuns na medicina atual. O maior desafio consiste em identificar o material adequado para a placa protésica e os parafusos, através da melhor combinação de maior resistência, menor peso, desempenho mais prolongado e custo razoável, implantados no osso fracturado. O osso do fémur é considerado um material linear-elástico, isotrópico e homogéneo de fosfato de cálcio. Tem de suportar o peso máximo do corpo entre a articulação da anca e a articulação do joelho em condições de carga estática. O objetivo deste estudo é selecionar o material mais adequado para a placa protésica e os parafusos com base na resistência e na deformação do fémur humano com uma ou duas fracturas, na posição média do eixo, na presença de carga estática. Um dos passos mais importantes no desenvolvimento do osso do fémur, da placa protésica e do parafuso foi gerado com a ajuda de produtos disponíveis no mercado no software CAD Solidworks.

O método dos elementos finitos é utilizado para identificar a zona de tensão máxima devida à força média do corpo humano de 750 N, na qual pode ocorrer a fratura. A montagem da placa protésica e dos parafusos implantados no osso do fémur com fratura simples e dupla é analisada estaticamente, variando a carga de 500 N a 2500 N para diferentes biomateriais. Ao efetuar a análise do material, verifica-se que, entre os vários materiais testados em termos de resistência e deformação, o Ti4A16V é a melhor liga que pode ser utilizada para o fabrico de placas e parafusos. No entanto, após a aplicação da liga Ti4A16V como material para a placa e o parafuso, a tensão máxima é inferior à tensão de cedência, pelo que a placa é segura e não há falhas. Também se pode utilizar uma abordagem diferente para diminuir o peso da placa, alterando o raio do filete e variando o número de furos tendo em conta uma espessura constante. A validação dos resultados é efectuada comparando os resultados obtidos a partir da análise de elementos finitos e obtendo uma classificação global através da técnica de análise de decisão com critérios múltiplos. Ao analisar os diferentes materiais utilizando a técnica MCDA, fica provado que o Ti4A16V não só é o material adequado com base nas propriedades de entrada e nos parâmetros resultantes, como também é o melhor tendo em conta o custo.

Palavras-chave: Osso do fémur, Prótese, Traumas, Tomografia computorizada, Biomateriais, Estrutura estática, Fratura

CAPÍTULO 1

INTRODUÇÃO

1.1 Introdução

Um implante ortopédico é uma técnica desenvolvida para substituir uma articulação para fixar um osso fracturado. O implante médico utiliza diferentes materiais de resistência cobertos por plástico. São geralmente utilizados dois tipos de fixação: a fixação externa e a fixação interna. Na fixação externa, os pinos metálicos que penetram no osso e sobressaem através da pele podem ser ligados a um dispositivo de fixação externo, o que permite a estabilização desses pinos e, consequentemente, a fixação dos fragmentos ósseos. A fixação interna é o método em ortopedia que contém a execução cirúrgica de implantes com o objetivo de unir um osso.

O tipo mais comum de implantes médicos são os parafusos, pinos, hastes e placas utilizados para reparar ossos fracturados enquanto estes se fixam inicialmente. Um osso é uma parte rígida do corpo humano que suporta rigidamente o esqueleto. Os ossos suportam as várias partes do corpo, e também são móveis. O osso é um tecido ativo constituído por diferentes células [P].

O maior osso do corpo é o fémur e o mais pequeno é o osso moldado do ouvido médio. O osso não é um material uniformemente sólido, mas é sobretudo uma matriz. A sua matriz é fabricada a partir de um material compósito que incorpora o mineral inorgânico fosfato de cálcio. O osso é formado pelo endurecimento desta matriz em torno de células capturadas. O fémur ou osso da coxa é o osso mais próximo da perna capaz de andar ou saltar. A cabeça do fémur entra em contacto com o acetábulo no osso pélvico, formando a articulação da anca, enquanto a parte inferior do fémur entra em contacto com a tíbia e a patela, formando a articulação do joelho [D].

O fémur é o único osso da coxa. O fémur é o osso mais longo e mais forte do corpo humano. Entre a cabeça, a diáfise e a tíbia do fémur, a diáfise do corpo do fémur é o tecido mais forte. O seu comprimento é, em média, 26,74% da altura de uma pessoa, um rácio encontrado tanto em homens como em mulheres [G]. O fémur é classificado como um osso longo, a haste distingue-se dos ossos adjacentes na anca e no joelho, como mostra a Fig. 1.1.

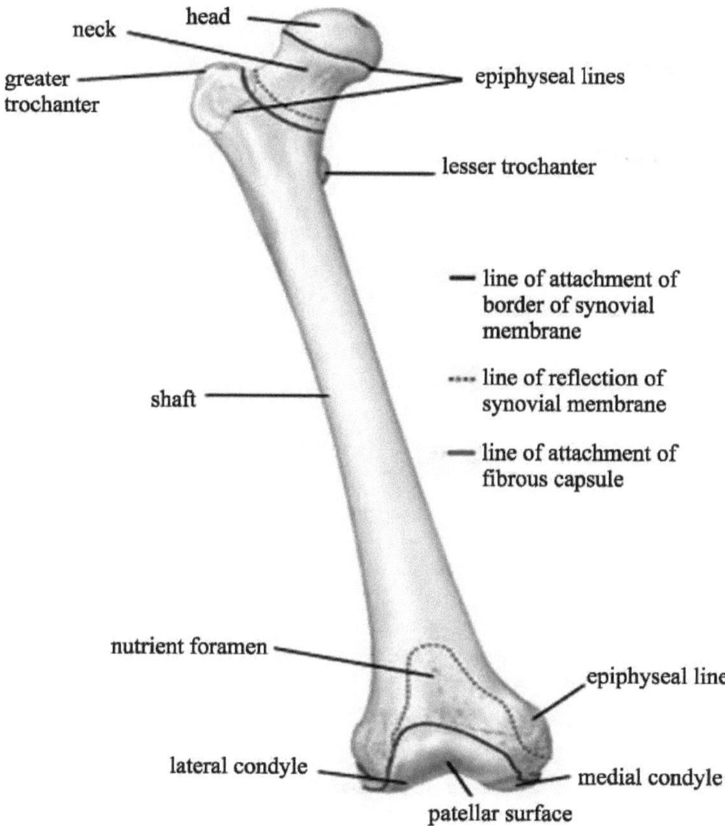

Fig. 1.1. Anatomia óssea do fémur [P]

1.2 Biomateriais da placa de fixação de fracturas

1.2.1 Metais

No tratamento de fracturas, os metais são os materiais necessários devido à sua resistência e ductilidade. Os metais criam uma carga eléctrica quando entram em contacto com os tecidos do corpo e a corrosão do metal e a consequente falha dos implantes foram responsáveis pela aplicação generalizada da fixação interna. Desde então, foram avaliados e testados os metais com o menor coeficiente eletromagnético, pelo que atualmente a maioria dos implantes ortopédicos

Os implantes são construídos em aço inoxidável 316L, ligas de alumínio-vanádio Ti-6A1-4V ou Ti-6A1-4V comercialmente puro e alumina utilizada [AA].

1.3 Aplicação de técnicas FEM e FEA em implantes ortopédicos

A modelação por elementos finitos (MEF) foi introduzida para avaliar as tensões nos ossos humanos e a remodelação do osso. Atualmente, é uma das ferramentas de simulação mais utilizadas para avaliar o desgaste, a fadiga e a propagação de fracturas no osso humano. Desde a introdução do MEF na biomecânica ortopédica, têm-se registado rápidos desenvolvimentos nas velocidades de processamento dos computadores, nos elementos finitos e noutros métodos numéricos, na compreensão das propriedades mecânicas dos tecidos e nos métodos de modelação e digitalização 3D.

O cálculo da FEA envolve a utilização de uma grelha computacional com diferentes equações para prever a deformação total, a tensão equivalente, a vida à fadiga, os danos por fadiga e o fator de segurança à fadiga. A FEA tem merecido muita atenção da I&D das indústrias biomédicas para a análise estrutural estática de várias fracturas ósseas humanas, como a implantação de próteses ósseas no fémur. As principais áreas de aplicação da simulação de elementos finitos são a prótese total da articulação da anca, o joelho, o ombro, a coluna vertebral e o cotovelo, respetivamente.

O MEF e a FEA estão atualmente a ganhar popularidade em muitas destas áreas, uma vez que constituem um dispositivo ideal para obter uma avaliação qualitativa e quantitativa do desempenho. Com o MEF e a FEA, as implicações, as condições de trabalho e os parâmetros de conceção podem ser analisados de modo a que se possa compreender melhor a estática e a física subjacente de um processo ou fenómeno, o que conduz à otimização de processos novos e existentes e à superação da necessidade de testar a conceção com cada modificação [P].

1.4 Objectivos da tese

O principal objetivo desta tese é otimizar o material mais adequado para a placa protésica de implante e os parafusos para suportar o osso do fémur fracturado em carga estática. Os vários mini-objectivos para atingir o objetivo principal são os seguintes

- Desenvolver um modelo geométrico de um osso do fémur, placa protésica e parafusos de fixação para a análise FEM e FEA.
- Desenvolver um modelo de elementos finitos de um osso do fémur, placa protésica e parafusos de fixação para a análise FEA.
- Aplicar as condições de fronteira no osso do fémur fixando a extremidade inferior do fémur e aplicar carga estática na cabeça do fémur para o estudo comportamental do implante.
- Estudar a tensão equivalente, a deformação total, o perfil de tensões principais máximas e mínimas do osso do fémur utilizando a Análise de Elementos Finitos, considerando sem fratura e com fratura.
- Estudar a tensão equivalente e a deformação total na diáfise do fémur fracturado suportada por uma placa óssea protética aparafusada de diferentes biomateriais, utilizando a análise de elementos finitos para uma fratura simples e uma fratura dupla.
- Verificar as curvas de distribuição de tensões dos diferentes biomateriais, como a liga de aço

inoxidável (SS316L), a liga de titânio (Ti6A14V), a alumina e o nylon e a placa óssea de suporte e os parafusos para um peso corporal médio de 75 kg.

- Aplicar a análise de decisão multi-critérios tendo em conta as propriedades físicas constantes do material, as tensões resultantes variáveis e as deformações totais e o custo, de modo a calcular a classificação geral do desempenho dos diferentes materiais para a placa protésica e atribuir uma classificação geral em números.
- Para estudar os resultados são obtidos com base na resistência por análise de elementos finitos através do software ANSYS e incluem o custo também por técnica de análise de decisão multi-critério.
- Analisar o efeito da variação do número de parafusos através das mesmas tensões de contacto no local da fratura de diferentes comprimentos da placa óssea.
- Analisar a forma e o tamanho da placa óssea do fémur e implantar uma mesma placa para pesos variáveis de 500 N a 2500 N em caso de fracturas simples e múltiplas.

1.5 Âmbito dos trabalhos

O âmbito desta tese enfatiza a utilização da modelação de elementos finitos (MEF) e da análise de elementos finitos (AEF) para selecionar o biomaterial mais adequado para a placa protésica com base nas tensões e deformações em diferentes condições de carga. A FEA mostra a perspetiva de melhorar o desempenho da placa protésica através da alteração das cargas estáticas do corpo humano para diferentes biomateriais. Na análise FEA, ao alterar as cargas estáticas e ao utilizar diferentes biomateriais na placa protésica, as curvas de distribuição de tensões são verificadas tanto pelos resultados teóricos como pelos resultados do software para a fratura simples e dupla. A FEA mostra a proteção para evitar a falha da haste óssea do fémur implantado sob diferentes cargas estáticas na análise estrutural [E].

O MEF e a FEA são as ferramentas de conceção que ajudam a investigar qualquer modelo sob diferentes condições de carga no software. A partir da análise FEM e FEA, podem ser obtidos os resultados desejados do modelo sob diferentes condições de carga. Se os resultados da análise forem satisfatórios, o modelo de software pode ser implementado no modelo experimental para trabalhar no terreno. Se os resultados não forem satisfatórios, podem ser efectuadas algumas alterações e modificações no modelo para obter os resultados desejados. O âmbito desta tese é que a análise FEM e FEA ajuda a investigar qualquer modelo no software antes de implementar o modelo em condições de trabalho reais. A partir da análise CAD, FEM e FEA de qualquer modelo, poupa-se muito tempo e dinheiro.

1.6 . Esboço da tese

A tese é composta por oito capítulos.

Capítulo 1: No primeiro capítulo, foi feita uma introdução preliminar sobre os implantes ortopédicos, o osso humano, o osso do fémur, uma breve descrição dos biomateriais da placa de fixação de fracturas, como os metais e os termoplásticos, a aplicação das técnicas FEM e FEA no implante ortopédico. Os principais objectivos da tese, o âmbito da tese e o esboço da tese também foram incluídos.

Capítulo 2: No segundo capítulo, biomecânica da fixação e das fracturas, é feita uma revisão da literatura sobre a investigação levada a cabo por diferentes investigadores no domínio da análise biomecânica. São resumidos diferentes casos de trabalhos de software, trabalhos experimentais e trabalhos teóricos.

Capítulo 3: A metodologia de investigação é estruturada através da realização de inquéritos no terreno em hospitais e da recolha de informações úteis sob a forma de um questionário útil junto de cirurgiões ortopédicos. Deste modo, é possível identificar o problema real e estabelecer uma plataforma para resolver o problema específico com uma justificação.

Capítulo 4: No capítulo três, a modelação geométrica do osso do fémur, da placa protésica e dos parafusos é construída no Solidworksl5. É apresentada a modelação por elementos finitos utilizada para resolver o problema. Também é abordado o procedimento passo a passo para desenvolver um modelo de elementos finitos do conjunto gerado (fémur, placa e parafusos), atribuir o material, criar a malha do modelo, aplicar restrições e cargas, resolver um problema e o pós-processador para a análise dos resultados.

Capítulo 5: O método dos elementos finitos é aplicado à fratura simples variando os materiais da placa e à fratura dupla variando o número de furos, o comprimento e os materiais da placa. As condições de fronteira para o osso também são definidas neste capítulo, o que inclui o tipo de carga na cabeça do fémur e também as condições de fixação do osso com a placa.

Capítulo 6: Neste capítulo, utilizámos a técnica de análise de decisão com critérios múltiplos para otimizar o material mais adequado com base nas propriedades físicas, nos parâmetros resultantes e também na consideração dos custos. A análise de decisão com critérios múltiplos é utilizada para validar os parâmetros resultantes do método dos elementos finitos.

Capítulo 7: Este capítulo abrange a comparação e a representação gráfica dos parâmetros resultantes encontrados na análise estrutural estática, considerando fracturas múltiplas para diferentes biomateriais. Também consiste na validação do resultado através da obtenção dos parâmetros da análise de decisão de critérios múltiplos e da análise de elementos finitos.

Capítulo 8: Este capítulo resume as conclusões baseadas nos resultados da análise e fornece aprovações para o trabalho futuro.

Referências: Esta secção destaca principalmente as revistas, os artigos de investigação e os livros referidos para o trabalho de dissertação.

CAPÍTULO 2

REVISÃO DA LITERATURA

2.1 Introdução

O principal aspeto do osso do fémur fracturado, ou seja, o desempenho da placa protésica considerado para modelação e investigações experimentais na literatura, foi discutido neste capítulo. Foram realizados muitos trabalhos de investigação por diferentes investigadores sobre diferentes aspectos da placa protésica, como diferentes biomateriais da placa, diferentes designs da placa e parâmetros de desempenho. Este capítulo fornece uma discussão fundamental sobre os conceitos de biomecânica e demonstra como estas ideias descrevem as funções básicas dos dispositivos de fixação. A ênfase foi colocada na consideração de problemas práticos.

Em primeiro lugar, são explicados os conceitos fundamentais da biomecânica aplicáveis à prática das fracturas ósseas humanas. Esta secção é acompanhada de uma breve discussão sobre a associação mecânica do osso, a sua capacidade de suportar cargas e a correlação entre as forças aplicadas e as formas específicas de fratura. Segue-se a descrição da mecânica da cicatrização óssea, que está relacionada com a compreensão do momento da aplicação de carga para a cicatrização de fracturas em doentes. Por fim, é discutido o desempenho de vários tipos de sistemas de fixação, com ênfase na fixação de fracturas difíceis, como a do colo do fémur, e as que envolvem osso osteoporótico. O foco da conversa é representar os princípios mecânicos comuns envolvidos na fixação de fracturas, de modo a que os potenciais problemas possam ser reconhecidos e evitados.

2.2 Resumo da revisão da literatura

Este capítulo resume as várias partes da revisão da literatura. Em primeiro lugar, seria necessário compreender o comportamento mecânico do osso do fémur em diferentes condições de carga. Em segundo lugar, é importante conhecer a análise estrutural de elementos finitos do osso do fémur fracturado na cabeça, no eixo médio e na extremidade inferior da tíbia. Em seguida, é interessante avaliar as tensões mecânicas, as deformações e a rigidez de diferentes biomateriais da placa protésica sob várias condições de carga. O desempenho da estrutura dependerá do desenho da placa e do parafuso, dos locais de fratura, da posição do orifício, através de análises gráficas, experimentais e de modelação matemática. Para resumir o corpo da revisão da literatura, as diferentes investigações dos investigadores estão integradas em diferentes segmentos de campos, como se mostra na TABELA 2.1.

QUADRO 2.1

REVISÃO DA LITERATURA DE VÁRIOS DOMÍNIOS DE INVESTIGAÇÃO

Paper No.	Paper Title	Author Name	Issue	Keynote
A	A Review Paper on Biomechanical Analysis of Human Femur	K.S.Zakiuddin, I.A.Khan and R. A. Hinge	vol. 2, no. 3, pp. 336-356, 2016	To examine the behavior of human femur bone subjected to various forces and loading conditions.
B	Experimental Investigation and Prediction of Mechanical Properties of a Composite Material for Bone Plate	R. M. Deshmukh, Prof. S. S. Kulkarni	vol. 4, no. 8, pp. 2871-2875, August 2015	Carbon fiber /epoxy composite materials have better mechanical bending properties in comparison to stainless steel materials.
C	A Review on Biomaterials in Orthopedic Bone Plate Application	R. M. Deshmukh, S. S. Kulkarni	vol. 5, no. 4, pp. 2587-2591, August 2015	This review touches on various aspects of biomaterials such as its biocompatibility, advantages and its mechanical properties as well.
D	Mechanical Strength Evaluation of Atlas Femoral Nailing System by Four Point Bending using FEA	A.Gaurvadkar, N. S. Biradar	vol. 1, no. 2, pp. 12-18, April 2015.	FEA techniques used to characterize the mechanical behavior of engineering materials can be successfully applied before surgery operation to ensure high durability of the designed implant.
E	Finite Element Analysis of Femur Fracture Fixation Plates	S. Das, S. K. Sarangi	vol. 1, no. 1, pp. 1-5, 2014	Titanium alloy material bone plate generates relatively higher stress in the fractured zone compared to other bone plate metals.
F	Blade-plate Fixation for Distal Femoral Fractures: A case-control study	E.Vandenbussche, M.LeBaron, M. Ehlinger, X. Flecher, G. Pietud, Sofcot	pp. 555-560, June 2014	The blade-plate is a simple, strong, and inexpensive fixation method used in the fixation of distal femoral fractures.

Paper No.	Paper Title	Author Name	Issue	Keynote
G	Three-Dimensional Finite Element Analysis of Human Tibia	N. Phate, R. Nareliya, V. Kumar and A. Francis	vol. 3, no. 1, pp. 52-56, April 2014	Half of the body weight at left tibia bone that results in increase in total deformation and stresses with increase in patient's age group.
H	Effect of screw position on bone tissue differentiation within a fixed femoral fracture	Saghar Nasr, Stephen Hunt, Neil A. Duncan	vol. 6, pp. 71-83, Dec 2013	The results of analysis demonstrated a stability of bone and position of screws to promote the femur bone fracture healing.
I	Numerical Analysis of Human Femoral Bone in Different Phases	Sherekar R.M, Pawar A.N.	vol. 2, no. 12, pp. 86-90, June 2013	Higher value of displacements is observed for the bone in the living phase and it has higher elasticity in comparison with the bone in the dead phase.
J	Biomechanical Investigation of Human Femur by Reverse Engineering as a Robust Method and Applied Simplifications	A. Latif Aghili, M. Hojjati, S. Rabiee, M. Imani and A. Paknahad	pp. 2152-2157, 2013	The Poison's ratio is nearly constant in whole of the femoral bone. The stress distribution of the femoral bone should be like a partial force.
K	Numerical Analysis of Fractured Femur Bone with Prosthetic Bone Plates	P. S. Maharaja, R. Maheswaranb A. Vasanthanathana	Vol.2,no.1 ,pp. 1242-1251, 2013	Finite Element Analysis is done on the assembled model by which titanium is found out to have less equivalent stress.
L	Lateral Drill Holes Decrease Strength of The Femur: An Observational Study Using Finite Element and Experimental Analyses	M. J. Fox, J. M. Scarvell, P. N. Smith, S. Kalyanasundaram, Z. H. Stachurski	Vol.2,no.1 , pp. 1-8, 2013.	Tensile stresses generated during walking stresses in the lateral femur and compression stresses in the medial femur with a maximum sheer stress through the neck of the femur.

Paper No.	Paper Title	Author Name	Issue	Keynote
M	Mechanical Strength Evaluation Analysis of Stainless Steel and Ti-6Al-4V Locking Plate for Femur Bone Fracture	D.Amalraju, A.K.Shaik Dawood	vol.2,no.1, June 2012	From analysis it is found that the body load has no effect on failure of implant, since the values of stresses and deformations are very low.
N	Biomechanical Analysis of the Human Femur Bone during Normal Walking and Standing Up	A. Yousif, M. Aziz	vol. 2, no. 8, pp. 13-19, August 2012	The maximum normal stress during walking occurs on the neck of the femur bone while the maximum normal stress during standing occurs on the neck of the femur.
O	Characterization and Investigation of Mechanical Properties of Hybrid Natural Fiber Polymer Composite Materials used as Orthopaedic Implants for Femur Bone Prosthetic	A. T. Gouda, K. R. Dinesh, V. G. H and N. Prashanth	vol.11, no. 4, pp. 40-52, July 2012	From the Tensile, compression and bending experimental test results of stainless steel alloy (SS316L) is nearly obtained of the femur bone mechanical properties.
P	Finite Element Application to Femur Bone: A Review	R. Nareliya, V. Kumar	vol. 3, no. 1, pp. 57-62, June 2012	Mechanical properties of bone are inhomogeneous and its variation depends on individual. It influences the total stiffness and stress condition of the bone.
Q	Biomechanical & Finite Element Analysis of the Customized Femur Implant for Performance Evaluation.	R. M. S. Sherekar, S. V. Bhalerao,	vol. 1, no. 3, pp. 86 - 97,2012	The aim of this study is to construct a model of real human femur bone for evaluating the finite element analysis in various loading conditions.

Paper No.	Paper Title	Author Name	Issue	Keynote
R	Finite Element Analysis of Tibial Fractures	Christian Wong, Peter Mikkelsen, Leif Berner Hansen, Tron Darvann& Peter Gebuhr	vol.1,no.2, May 2010	In fracture mechanisms, satisfactory fracture locations were found and achieved a signal of the fracture Morphology.
S	Plated and Intact Femur Strains in Fracture Fixation Using Fiber Bragg Gratings and Strain Gauges	P. Talaia, A. Ramos, I. Abe, M. Schiller, P. Lopes, R. Nogueira, J. Pinto, R. Claramunt, J. Simões	vol.2, no.1,pp. 355-363, 2007	Strain gauges and sensors use was highlighted for measuring strains on the femur and bone plate.
T	3D Graphical Modelling Method for Human Femur Bone	D. Popa, G. Gherghina, M. Tudor, D. Tarnita	vol. 1, no. 2,Dec 2006.	The virtual femur model was prepared for any finite elements analysis or for kinematical and dynamical simulation.
U	Modelling Bone Tissue Fracture and Healing: A Review	M. Doblar, J. Garc, M. Gomez	vol.1, no.2, 2004	It was reviewed that the available literature on computational modelling is based on two areas of bone biomechanics as fracture and healing.
V	Multi Criteria Decision Analysis for Supporting the Selection of Engineering Materials in Product Design	A.Jahan, K.L.Edwards, M.Bahraminas	vol.2, no.2,2004	In multiple criteria design analysis, solutions can be found by solving a mathematical model and using number of alternatives. It is shown that some variables are continuous or some may be distinct.
W	An Analysis of Anatolian Human Femur Anthropometry	Taner Züylan, Khalil Awadh Murshid	vol.2, no.2, 2002	Results indicate that femoral anthropometric measurements could show differences between various peoples belonging to different ages.

2.3 Texto literário

Muitos dos investigadores que contribuíram para uma investigação semelhante são descritos a seguir.

K.S.Zakiuddin, *et al.*, (2016) estudaram o comportamento do fémur humano sujeito a várias forças e condições. Forças normalmente experimentadas pelos seres humanos durante as actividades de vida diária, também em casos incertos como acidentes, torções, etc., causando deformação ou falha do fémur. Assim, é necessário analisar as propriedades dos materiais, a estrutura, a resistência à carga e a probabilidade de falha do fémur humano. Inclui a descrição da estrutura e das propriedades mecânicas do osso cortical e esponjoso do fémur, a análise das forças articulares e musculares que actuam sobre o fémur, a análise de elementos finitos, o comportamento vibratório do fémur humano, os métodos experimentais, os ensaios de compressão, tensão, flexão e torção que resultam na resistência do fémur [A].

R. M. Deshmukh e S. S. Kulkarni, (2015) inseriram liga de titânio (Ti-6A1-4V), cerâmica, grau médico de Ti-6A1-4V e outras ligas metálicas em ossos grandes concebidos como articulações artificiais. Também são fixadas placas e barras nos ossos para facilitar a cicatrização de ossos fracturados. No entanto, as desvantagens dos implantes metálicos são a corrosão e a libertação de iões, pelo que é necessário encontrar novos materiais ortopédicos, como o termoplástico, que também têm uma densidade mais próxima do osso natural. Este trabalho faz parte do fabrico e processamento do compósito de fibra de carbono/epóxi e da avaliação das suas propriedades mecânicas. As propriedades mecânicas são estimadas por métodos normalizados ASTM. Os resultados são apresentados de acordo com a avaliação do desempenho mecânico do compósito e as peças compósitas foram consideradas como a melhor escolha para melhorar a utilização futura de aplicações ortopédicas de placas ósseas [B].

R. M. Deshmukh e S. S. Kulkarni, (2015) escolheram, de entre todos os biomateriais, as ligas Ti-6A1-4V e de aço inoxidável como as mais comuns no fabrico de placas ósseas. As placas ósseas metálicas apresentam alguns problemas, como a incompatibilidade dos metais, a corrosão, o efeito magnético, as reacções ânodo-cátodo, incluindo uma diminuição da massa óssea e um aumento da porosidade óssea, pelo que começaram a ser desenvolvidos materiais compósitos para placas ósseas com maior resistência e rigidez e mais semelhantes ao osso natural. O principal requisito para a escolha do biomaterial é a sua aceitabilidade pelo corpo humano. Os tipos mais comuns de materiais utilizados como materiais biomédicos são os metais, os polímeros, as cerâmicas e os compósitos. Esta revisão aborda

sobre vários aspectos dos biomateriais, tais como a sua biocompatibilidade, vantagens e propriedades mecânicas [C].

A.P. Gaurvadkar e N. S Biradar, (2015) resumiram a necessidade de compreender as propriedades mecânicas do osso, bem como do material de implante em caso de fratura do osso. Para este efeito, é necessário efetuar vários testes para conhecer as propriedades mecânicas do material do implante. A análise de elementos finitos é uma ferramenta útil para fins de conceção de implantes, particularmente para determinar a partilha de carga entre o implante e o osso, a sua flexão e rigidez antes do implante [D].

Sandeep Das e Saroj Kumar Sarangi, (2014) efectuaram a análise de placas de fixação de fracturas do fémur utilizando o método dos elementos finitos. O osso do fémur é modelado utilizando o software mimics e a análise é efectuada num ambiente ANSYS. A placa de fixação da fratura é modelada utilizando o software CAD Solid works disponível comercialmente. A distribuição de tensões no local da fratura do fémur é obtida quando o sistema é sujeito a cargas de torção e de compressão, bem como a várias fases de cicatrização. Os efeitos da utilização de diferentes biomateriais para as placas e parafusos nas caraterísticas da distribuição de tensões também são investigados [E],

E. Vandenbussche, *et al.*, (2014) apresentaram, apesar da utilização e do ensino extremamente limitados da fixação com placa de lâminas, bem como dos inegáveis desafios técnicos levantados pela implantação deste dispositivo, a placa de lâminas é um método de fixação simples, forte e económico. Continua a ser fiável para a fixação de fracturas distais do fémur. O desprestígio em que a placa de lâminas está atualmente a cair não se justifica [F].

Namrata Phate, et al., (2014) explicaram que a análise tridimensional de elementos finitos é utilizada para avaliar as tensões e as deslocações do osso da tíbia humana sob carga fisiológica. Os modelos de elementos finitos tridimensionais são obtidos através da utilização de dados de tomografia computorizada (TC), que consistem numa descrição exaustiva das propriedades materiais do osso e da densidade dos tecidos ósseos, o que é essencial para criar uma geometria exacta e realista de uma estrutura óssea. Por conseguinte, neste estudo, foram utilizados dados de TC de doentes do sexo masculino com 17 e 27 anos de idade e do sexo feminino com 37 anos de idade para desenvolver modelos tridimensionais de elementos finitos do osso da tíbia proximal esquerda e metade de um peso corporal médio de 65 kg (318,825N) aplicado a cada modelo de osso da tíbia. A análise de elementos finitos foi efectuada para calcular a tensão de Von-mises equivalente, a tensão principal máxima, a deformação total e a ferramenta de fadiga de todo o osso da tíbia proximal e comparar os resultados [G].

Saghar Nasr, *et al.,* (2013) exploraram o efeito da posição do parafuso na consolidação da fratura e na formação de novo tecido ósseo com algoritmos num modelo computacional. Foi desenvolvido um modelo idealizado de elementos finitos 3D poro-elásticos (FE) de um fémur com um intervalo de fratura de 5 mm, incluindo uma construção de parafuso de placa. Foram criadas dezanove combinações diferentes de placa-parafuso, criadas através da variação do número e da posição dos parafusos dentro da placa, para identificar uma construção com os atributos mais favoráveis para a consolidação da fratura. A primeira fase do estudo avaliou as construções através de análises de tensão mecânica para identificar as construções com elevada capacidade de suporte de carga. A segunda fase do estudo avaliou a cicatrização e a formação óssea com um algoritmo bifásico para simular a diferenciação de tecidos para fixação dentro das construções selecionadas. Os resultados da nossa análise demonstraram uma construção simétrica de 4 parafusos com a maior distância entre parafusos para proporcionar o equilíbrio mais favorável de estabilidade e condições optimizadas para promover a consolidação da fratura [H].

R.M.Sherekar e A.N.Pawar, (2013) apresentaram a análise do osso do fémur. A clarificação das direcções de carga sob as quais o fémur proximal e a haste são mais susceptíveis à fratura seria útil para elucidar a mecânica da fratura e estabelecer intervenções preventivas. As condições de fronteira são aqui aplicadas, produzindo geralmente uma deformação femoral excessiva, e embora tenha sido demonstrado que as forças musculares/tendinosas influenciam as deflexões femorais e as cargas dinâmicas. A hipótese é que a aplicação cuidadosa de restrições de base fisiológica pode produzir deformação fisiológica, o que causa tensão no fémur. Foram aplicados cinco casos de condições de fronteira a um modelo de elementos finitos do fémur normalizado. Apresentou resultados de análises numéricas de tensões e deslocamentos no fémur numa fase de vida-morte e implante artificial. O objetivo do trabalho foi apresentar a influência de diferentes propriedades mecânicas destes três ossos e o estudo comparativo dos resultados obtidos. A seleção adequada das propriedades garante resultados corretos [I].

A. Latif Aghili, et al., (2013) analisaram a fratura de tensão como um tipo de falha biomecânica do osso causada por cargas durante o treino físico intenso. Nesta investigação, o modelo foi construído através do método de engenharia inversa e este modelo tridimensional de elementos finitos do fémur humano foi analisado sob cargas simples, expandidas e parcialmente expandidas. A análise foi efectuada utilizando software disponível no mercado. Assume-se que o material tem caraterísticas elásticas isotrópicas. Os resultados indicaram que a tensão importante ocorreu na raiz inferior do colo do fémur, mas a tensão máxima foi obtida na diáfise do fémur. A magnitude da deformação mostra uma boa concordância com os resultados experimentais publicados. Este facto confirma a modelação por elementos finitos e o modelo simplificado utilizado [J].

P. Senthil Maharaja *et al.* (2013) consideraram que os ossos são tecidos vivos, constituídos por minerais como o cálcio e o fósforo. O osso é considerado como um material linear-elástico, isotrópico e homogéneo. Os ossos são a parte essencial do esqueleto humano. O traumatismo é uma das principais causas de morte e incapacidade, tanto nos países desenvolvidos como nos países em desenvolvimento. A fratura óssea é um dos traumas mais comuns. Um dos métodos para curar o osso fracturado consiste em unir o osso fracturado utilizando placas ósseas. O objetivo deste estudo é comparar placas ósseas feitas de diferentes biomateriais (aço inoxidável, Ti-6A1-4V, alumina, nylon e PMMA) e descobrir o melhor material. O osso do fémur é modelado no software Solid works e analisado no software ANSYS. As placas de fixação de fracturas também são modeladas e fixadas a um osso fracturado e analisadas [K].

Melanie J Fox, et *al,* (2013) avaliaram as tensões de tração geradas durante a marcha no fémur lateral e as tensões de compressão no fémur medial, com uma tensão máxima no colo do fémur. Os portais de sucção laterais produziram tensões de tração até mais de 300% superiores às do fémur sem portais de sucção. Os portais anterior e posterior não aumentaram significativamente as tensões. Os portais de sucção laterais tinham um fator de segurança de 0,7, enquanto os postes anteriores e posteriores tinham factores de segurança de 2,4 vezes as cargas de marcha. O osso sintético sujeito a cargas cíclicas e à carga até à falha apresentou resultados semelhantes. Nos testes mecânicos, todas as construções falharam no colo do fémur. Os portais de sucção anteriores produziram um aumento mínimo da tensão à carga, pelo que este é o local preferido para a realização de furos num fémur para sucção ou fixação interna [L],

D.Amalraju e A.K.Shaik, (2012) estudaram as tensões formadas no implante de placa de bloqueio distal do fémur de liga de titânio (Ti-6A1-4V) e aço inoxidável (SS316L) sob condições de carga estática utilizando o software ANSYS. Uma vez que cada fémur suporta metade do peso do corpo, a análise é efectuada para cargas de 60 kg a 200 kg com um intervalo de 10 kg, incluindo os casos em que o doente suporta um determinado peso. A partir da análise, verifica-se que as cargas não têm qualquer efeito na falha do implante, uma vez que os valores das tensões e da deformação são muito baixos. Assim, a falha do implante é causada, no máximo, por desgaste, corrosão e tudo o que se deve a uma seleção inadequada do material do implante [M].

A.E. Yousif e M.Y. Aziz desenvolveram, (2012) geraram um modelo tridimensional do osso do fémur humano e os dados associados às forças de contacto da anca para a marcha normal e a posição de pé durante um ciclo foram utilizados no osso do fémur para investigar o comportamento do osso do fémur durante estas actividades. Os resultados dos elementos finitos (tensões) são obtidos e comparados com estudos anteriores. O comportamento das tensões obtidas no presente estudo é semelhante ao encontrado na literatura. Os resultados da análise são úteis para o cirurgião ortopédico compreender o comportamento biomecânico do osso do fémur e também são importantes para o cirurgião em cirurgias do fémur e próteses ósseas [N].

A Thimmana, *et al,* (2012) analisou o baixo peso, a baixa densidade e a elevada resistência, o biocompósito, a utilização de materiais biocompatíveis ou sugeriu a sua utilização para os implantes ortopédicos, especialmente para o osso do fémur. A partir dos resultados experimentais, todas as resistências dos materiais compósitos de polímero de fibra natural híbrida de 12%, 24% e 36% corresponderão à resistência do osso do fémur e também se verificou que, ao aumentar a fração de peso da fibra ou a percentagem de fibra, aumentará a resistência à tração, à compressão e à flexão e aumentará a densidade e a massa do compósito da amostra. Finalmente, sugeriu-se que o material compósito de polímero de fibra natural híbrida a 36% para a prótese óssea do fémur é um material compósito de polímero de fibra natural híbrida biocompatível [O].

Raji Nareliya e Veerendra Kumar, (2012) concluíram que a maioria dos autores gerou modelos tridimensionais do osso do fémur, utilizando dados de digitalização do osso do fémur humano seco ou congelado para a análise de elementos finitos e validaram os resultados através de análise experimental. Neste artigo de revisão, foram ilustrados vários métodos de análise de elementos finitos do osso do fémur humano. A resposta mecânica do osso de um paciente individual e do fémur proximal em particular, é de grande importância clínica para os ortopedistas [P].

Rahul M. Sherekar e Sachin V. Bhalerao, (2012) concluíram que, do ponto de vista biomecânico, as fracturas da anca são causadas em contextos reais por diferentes direcções de carga. A análise de elementos finitos tem sido amplamente utilizada no estudo das verificações de carga óssea humana e do desempenho dos implantes. O objetivo deste estudo é construir um modelo de osso do fémur humano real para avaliar a análise de elementos finitos. Isto seria útil para efetuar uma investigação realista sobre o comportamento mecânico das estruturas ósseas. Os resultados desta análise são úteis para os cirurgiões ortopédicos para o seu interesse clínico [Q].

Christian Wong, *et al.*, (2010) estudaram os mecanismos de fratura simulados, obtiveram localizações de fratura adequadas e obtiveram uma indicação da morfologia da fratura. Isto indica que o modelo de elementos finitos pode ser utilizado para examinar, por exemplo, a prevenção de fracturas e para simular diferentes tipos de osteossíntese e o processo de cicatrização óssea em estudos futuros [R].

P.M. Talaia, et *al.*, (2007) determinaram experimentalmente as deformações de fémures revestidos e intactos utilizando redes de bragg em fibra e extensómetros. Utilizou-se um fémur sintético revestido e um fémur sintético intacto, carregado sob uma carga estática simplista de 600 N. Foi utilizada uma placa de aço inoxidável (316L) para fixar uma fratura simulada de 45° num fémur. As deformações foram registadas nos mesmos locais em ambos os fémures. A blindagem da deformação é mais pronunciada na região distal do fémur com placa. A metodologia experimental baseada em sensores de redes de Bragg em fibra é uma nova abordagem para avaliar as deformações da placa óssea, que também pode ser utilizada para obter deformações biológicas do tecido e da superfície do implante em locais onde a utilização de extensómetros convencionais não é tecnicamente viável [S].

Dragos POPA, et al, (2006) apresentaram um método de estudo e os passos para obter um osso virtual. Para o efeito, foi utilizado um software CAD paramétrico que permite definir modelos com um elevado grau de dificuldade. O modelo obtido, ligado a outros ossos, será estudado através do método dos elementos finitos e será preparado para a simulação cinemática e dinâmica [T],

M. Doblar, et *al.*, (2004) analisaram a literatura disponível sobre modelação computacional em duas áreas da biomecânica óssea: fratura e cicatrização. A análise da fratura óssea tenta prever a falha das estruturas músculo-esqueléticas através de vários mecanismos possíveis sob diferentes condições de carga. No entanto, ao contrário dos materiais estruturalmente inertes, o osso é um tecido vivo que se pode reparar a si próprio. Está a ser desenvolvido um novo e excitante campo de investigação para compreender melhor estes mecanismos e o comportamento mecânico do tecido ósseo. Um dos principais objectivos deste trabalho é demonstrar, após uma revisão dos modelos computacionais, as principais semelhanças e diferenças entre os materiais de engenharia normais e o tecido ósseo do ponto de vista estrutural. Sublinhar também a importância das simulações computacionais em biomecânica devido à dificuldade de obtenção de resultados experimentais ou clínicos [U].

A.Jahan, et al., (2004) explicou o processo de seleção de dois ou mais temas de ação. Entende-se que nem sempre deve ser uma decisão exacta entre as várias escolhas. A técnica de avaliação com critérios múltiplos consiste num número finito de alternativas, conhecidas no início do processo de solução. Na conceção por critérios múltiplos, as alternativas não são conhecidas. As soluções podem ser encontradas através da resolução de um modelo matemático. O número de alternativas é infinito ou não contável (quando algumas variáveis são contínuas) ou tipicamente muito grande se for contável (quando todas as variáveis são discretas). Mas ambos os tipos de problemas são considerados subclasses dos problemas de decisão multicritério. Este tipo de problemas pode também ser classificado em duas grandes classes no que respeita à forma como os pesos das alternativas são determinados: a tomada de decisão compensatória e a tomada de decisão por ordem superior [V].

Taner Ziiylan e Khalil Awadh Murshid, (2002) avaliaram a antropometria do fémur de grupos populacionais de duas idades diferentes de acordo com medidas paramétricas normais. Foram obtidas onze medições femorais com ângulos colodiafisários de 36 fémures humanos adultos intactos, direito e esquerdo, de um anatólio central contemporâneo. Os resultados deste estudo não mostraram diferenças significativas entre os fémures direito e esquerdo, exceto no que diz respeito ao diâmetro vertical da cabeça (HVD). Os resultados indicam que as medidas antropométricas do fémur podem mostrar diferenças entre várias populações pertencentes a diferentes idades [W].

CAPÍTULO 3

METODOLOGIA DE INVESTIGAÇÃO

3.1 Introdução

O fémur é o osso mais resistente do corpo humano. Por acaso, o fémur entra em contacto com uma carga de impacto de grande magnitude, pelo que a plasticidade do material ósseo é afetada e o fémur parte-se em partes, dependendo da natureza da carga. O conhecimento adequado do mecanismo de falha do osso do fémur e da cicatrização inicial do osso é a necessidade desta investigação antes de selecionar o melhor material de placa adequado para implantação. No mercado da indústria biomédica, existe uma grande variedade de materiais, como metais, ligas, plásticos, polímeros e cerâmicas, para o fabrico de placas protésicas e parafusos de suporte. As expectativas desta investigação são concluir os critérios de seleção do material de acordo com a resistência e a deformação. A geração de ideias só é possível através do contacto com os utilizadores finais e os prestadores de serviços. A metodologia de investigação é estruturada através de um inquérito no terreno em hospitais e da recolha de informações úteis sob a forma de um questionário útil junto de cirurgiões ortopédicos. Deste modo, é possível identificar o problema real e estabelecer uma plataforma para resolver o problema específico com justificação.

3.2 Plano de ação para a metodologia de investigação

O plano de ação de todo o trabalho está organizado sob a forma de fluxograma, como se mostra na Fig. 3.1. Em primeiro lugar, o trabalho de campo deve ser efectuado através de uma interação saudável com ortopedistas e cirurgiões, sob a forma de perguntas e respostas. Depois, a informação deve ser recolhida a partir de vários artigos de revisão e investigação baseados no implante ósseo do fémur fracturado com placa protésica e parafusos. Depois de compreender a natureza do problema, deve ser feita a justificação e a solução do problema. Em seguida, procede-se à modelação e à análise de elementos finitos para validação dos resultados. Os resultados devem ser analisados e concluídos para cumprir os objectivos da tese. Por fim, é elaborado um relatório.

Para desenvolver um plano de ação que contenha as principais áreas que têm de ser realizadas para cumprir os objectivos da investigação, é apresentado o fluxograma abaixo:

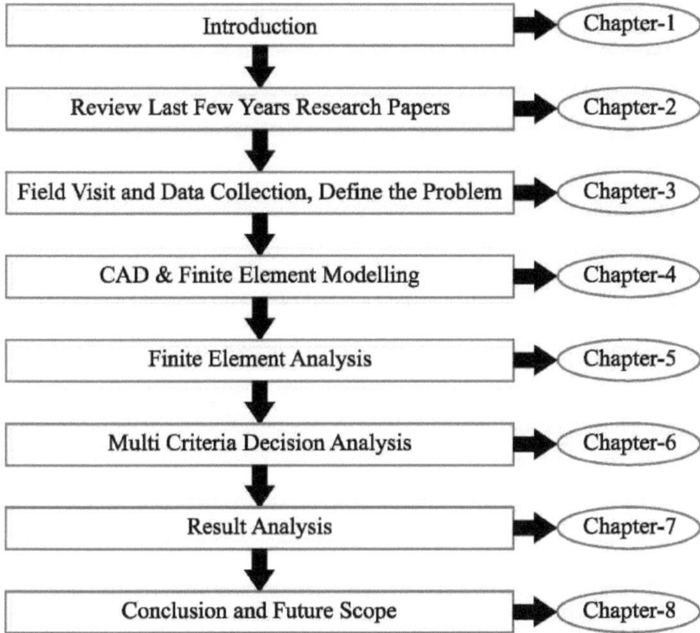

Fig. 3.1. Plano de ação da metodologia de investigação

3.3 Inquérito no terreno e recolha de dados

Enquanto investigador, surgiram muitas perguntas sobre o osso do fémur, a fratura, a placa de implante e o material do parafuso, tal como mencionado abaixo (Anexo II):

- Quais são as principais causas de formação de fracturas no osso do fémur?
- Como são classificados os principais tipos de fracturas?
- Quanto tempo é necessário para recuperar o osso do fémur fracturado implantado com prótese placa?
- Quais são as principais soluções que gostariam de ser observadas na envolvente de ossos fracturados (veias/músculos) suportados pela placa protética nos próximos anos?
- Que tipos de material seriam utilizados para o fabrico de placas ósseas protésicas e qual é o melhor material otimista desde a tendência convencional à atual?
- Qual seria o perfil/desenho da placa de suporte e dos parafusos?

- Como é que o peso do corpo humano deve ser distribuído / calculado em condições de carga estática?
- Quais são os parâmetros dimensionais do osso, da placa de suporte e dos parafusos?
- Como é que duas partes do osso fracturado devem ser unidas e apoiadas por uma placa protésica?
- Quantos parafusos são necessários para fixar a placa ao osso fracturado?
- O número de parafusos depende do número de fracturas ou do comprimento da fratura ou comprimento da placa?
- Quantas placas são utilizadas para o número de fracturas observadas no osso do fémur?
- Para uma fratura múltipla, são utilizadas placas simples ou múltiplas?
- Quanto tempo é necessário para remover a placa do osso humano?
- Quais são os principais efeitos a ter em conta antes de se submeter a uma cirurgia em diferentes secções etárias (criança/adulto/velho)?
- É adquirida alguma reação química para se juntar ao osso durante a cicatrização inicial?
- Quais são as principais inovações/tendências recentes no domínio da implantação de próteses de

dentes fracturados?

osso?

- Quais são os principais critérios e propriedades considerados durante a seleção do material de implante?
- O osso deve ser considerado um material isotrópico ou anisotrópico?
- Como se comportaria o material numa situação de variação de carga?
- O que acontece em condições de carga estática e dinâmica?
- Que material é mais preferido nas indústrias médicas indianas?
- Existe algum fator de custo que domine os critérios de resistência do material do implante?
- O comprimento, a espessura, a área da secção transversal e o número de parafusos da placa variam quando o osso está sujeito a uma fratura simples ou dupla?

3.4 Definir um problema

3.4.1 Identificação do problema

Em primeiro lugar, é necessário compreender a natureza do problema e o seu tipo. Isto significa que quais os factores que devem ser avaliados. A primeira fase da resolução do problema é a sua identificação. As placas ósseas metálicas geralmente utilizadas devem obedecer a determinados critérios, como se refere a seguir:

- Resistência do material
- Peso do material
- Deformação do material
- Custo do material

- Elasticidade do material

A variação na elasticidade de um implante metálico e do osso pode estar na origem do afrouxamento do implante [B].

3.4.2 Justificação do problema

O principal requisito para a escolha do biomaterial é a sua aceitabilidade pelo corpo humano. Para compreender os requisitos observados e a taxa de insucesso após a implantação dos materiais convencionais, como o aço inoxidável, recomenda-se a utilização de uma liga de titânio com maior resistência e menor deformação devido a uma maior rigidez. No fabrico de uma placa de implante biometal, a biocompatibilidade é um fator importante que deve ser considerado durante a seleção do biomaterial mais adequado. Os melhores critérios de seleção devem ter em conta a resistência máxima, especialmente durante a cicatrização inicial, em vez da consideração do custo do material.

- Resistência máxima à tração
- Deformação inicial máxima
- Peso mínimo
- Tensão mínima
- Excelente biocompatibilidade dos tecidos
- Não alérgico
- Metal não corrosivo
- Tendência para resistir a infecções
- Aumento da resistência à fadiga até mais 80% do que os implantes de aço SS316L
- Mobilização precoce da fratura
- Tendência para resistir a infecções
- Efeitos secundários reduzidos
- Custo razoável
- Baixa densidade
- Rigidez adequada
- Propriedades mecânicas corretas
- Elevada descartabilidade [O]

3.4.3 Declaração do problema

- Gerar uma geometria tridimensional do osso do fémur, da placa protésica e dos parafusos com a ajuda de produtos disponíveis no mercado. Posteriormente, um modelo de osso sem fratura e um modelo montado com fratura simples e dupla devem ser importados para o software ANSYS.
- A análise da carga estática estrutural do osso do fémur é efectuada sem que haja uma fratura, aplicando uma carga estática na área da superfície da cabeça do osso do fémur. Ao fazê-lo, a

superfície do osso do fémur sujeita à tensão máxima é identificada e verifica-se que existe uma maior probabilidade de falha no meio da haste do fémur.

- A partir da observação acima, o osso do fémur é fracturado especificamente no meio da haste, com fratura simples e dupla. Este osso fracturado é acoplado a uma placa protésica e a parafusos de diferentes biomateriais.
- Em seguida, a estrutura é analisada pelo método dos elementos finitos e pela análise dos elementos finitos em condições de carga estática. Esta análise fornece o biomaterial mais adequado e mais utilizado recentemente. Mais uma vez, a mesma análise é repetida para o material termoplástico em condições de carga semelhantes. O objetivo é comparar os resultados entre o biometal, a bio-cerâmica, o bio-polímero e o bio-termoplástico e recomendar o biomaterial mais adequado para o implante ósseo do fémur. O fosfato de cálcio é utilizado como material do osso do fémur.

3.5 Análise de elementos finitos

A análise estrutural de qualquer amostra ou peça baseia-se no método dos elementos finitos. O método dos elementos finitos (FEA) é útil na resolução de uma grande variedade de problemas de engenharia. O conceito do método baseia-se na construção de objectos complexos a partir de objectos mais simples ou na divisão desses modelos em elementos pequenos e definidos. Do ponto de vista da engenharia, a FEA é uma sequência de operações definidas pelo engenheiro, pelo projetista e pelo computador que orientam o processo de procura de soluções desde a criação do problema até à análise final dos resultados [D]. Neste ambiente de software ANSYS, o modelo geométrico é construído a partir da estrutura analisada e das propriedades dos materiais, aplicando condições de fronteira que são definidas como se mostra na Fig. 3.2.

O número de equações está relacionado com o número de nós e graus de liberdade presentes num determinado elemento ou área. A escolha de um modelo matemático adequado é um passo muito importante da análise e determina a proximidade e a usabilidade ao grau fundamental. Após a atribuição dos tipos de elementos que serão utilizados no modelo e as necessidades de divisão dos elementos, a malha de nós é gerada automaticamente e os elementos finitos são encontrados.

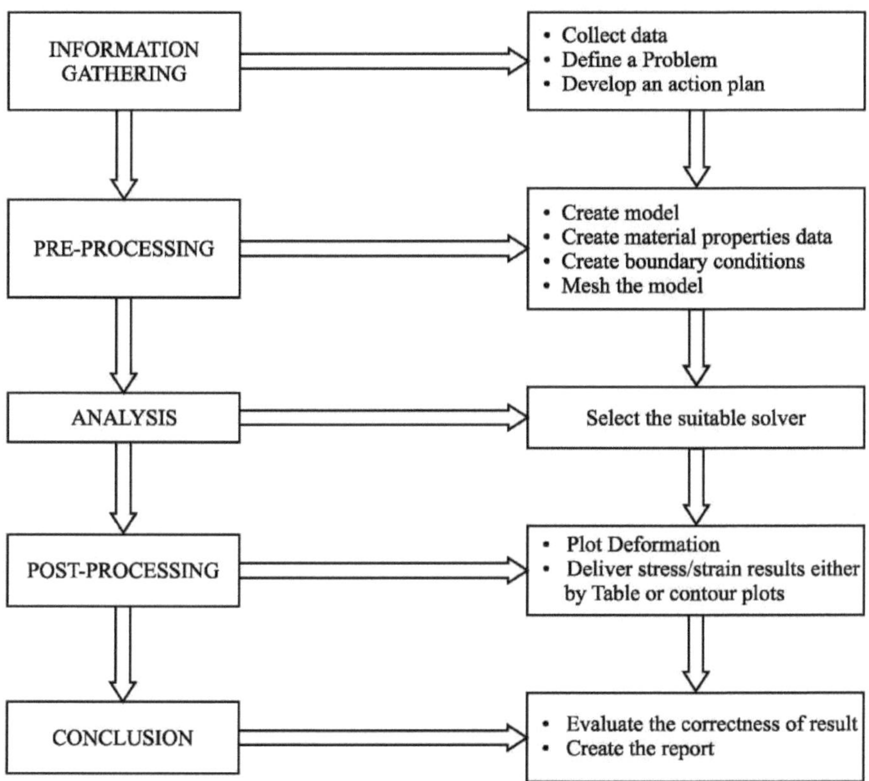

Fig. 3.2. Passos envolvidos numa FEA típica

CAPÍTULO 4

CAD E MODELAÇÃO POR ELEMENTOS FINITOS

4.1 Introdução

A modelação por elementos finitos é utilizada para gerar a solução do modelo no software ANSYS. O modelo de elementos finitos é composto por nós, elementos, constantes reais e condições de fronteira, que são utilizados para representar a solução do sistema.

4.2 Análise da estrutura

A fim de obter um bom projeto na análise estrutural, é utilizada a seguinte metodologia para analisar qualquer componente. O método geralmente utilizado na modelação de elementos finitos é mencionado a seguir:

- Determinar a forma básica do modelo
- Entrar no pré-processador para iniciar a sessão de construção do modelo
- Estabelecer um plano de trabalho
- Gerar caraterísticas geométricas básicas utilizando primitivos geométricos e operadores booleanos
- Criar tabelas de atributos de elementos
- Definir os controlos de malha para estabelecer a densidade de malha pretendida, se necessário.
- Criar nós e elementos através da criação de malhas num modelo sólido
- Aplicar cargas e condições de fronteira ao modelo
- Guardar os dados do modelo no nome de ficheiro .DB [G].

4.3 Definir dados de engenharia/propriedades dos materiais

A resposta de uma peça é determinada pelas propriedades do material atribuídas à peça. Embora as propriedades dos materiais sejam definidas separadamente para cada análise, existe a opção de adicionar materiais a uma biblioteca de materiais, utilizando o separador de dados de engenharia. Isto permite um acesso rápido e a reutilização de dados de materiais em múltiplas análises [C] [K].

QUADRO 4.1

PROPRIEDADES MECÂNICAS DOS BIOMATERIAIS PARA FÉMUR, PLACA E PARAFUSO

Bone & prosthetic plate materials	Density ρ (kg m^-3)	Young's Modulus E (GPa)	Poisson Ratio (γ)	Ultimate Tensile Strength (MPa)	Ultimate Compressive Strength (MPa)
Femur cortical bone (calcium phosphate)	1750	2	0.3	43.44±3.62	115.29± 12.94
Alumina Al_2O_3 (ceramic)	8500	240	0.31	210-290	1920-2750
Nylon6/6 (polymer)	3720	300	0.21	65-195	16-152
SS316L (alloy metal) (ASTM F138 & F139)	7750	193	0.31	485	570
Ti-6Al-4V (alloy metal) ASTM F136	4500	120	0.32	993	1086

4.4 Geração de geometria

Para estudar a análise estrutural do osso do fémur fracturado, o modelo é gerado utilizando a técnica de digitalização tridimensional do osso do fémur, da placa protésica e do parafuso. Os softwares Solid Works e ANSYS 15 são utilizados para efeitos de modelação. Em primeiro lugar, adquirimos uma placa de compressão dinâmica padrão e parafusos do mercado e medimos as dimensões essenciais através de instrumentos de medição de engenharia, como se mostra na TABELA 4.1. Em seguida, é gerado um modelo geométrico da placa e do parafuso no software Solid Works.

4.4.1 Dimensões do osso fémur

QUADRO 4.2

PARÂMETROS DE MEDIÇÃO DO OSSO DO FÉMUR DIREITO [W]

Measuring Parameters	**Right Femur**
Maximum length (L_1)	416.8 ± 68.6 mm
Trochanter length (L_2)	402.6 ± 28.1mm
Collo-diaphyseal angle (θ)	127.6 ± 3.3°
Proximal breadth (B_1)	90.2 ± 7.6 mm
Head vertical diameter (D_1)	45.2 ± 4.0 mm
Head transverse diameter (D_2)	44.7 ± 4.1 mm
Neck vertical diameter (D_3)	30.7 ± 3.6 mm
Neck transverse diameter (D_4)	26.3 ± 3.1 mm
Midshaft circumference (D_5)	86.2 ± 6.5 mm
Midshaft antero-posterior diameter (D_6)	27.1 ± 3.0 mm
Midshaft transverse diameter (D_7)	26.4 ± 2.4 mm
Distal breadth (B_2)	76.8 ± 5.9 mm

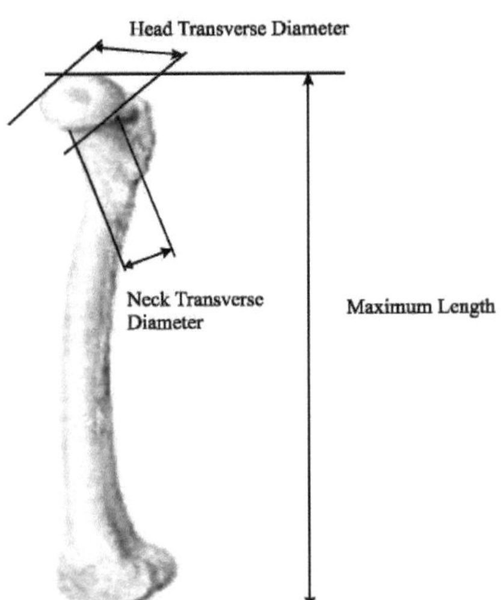

Fig. 4.1. Comprimento máximo, diâmetro transversal do pescoço e diâmetro transversal da cabeça

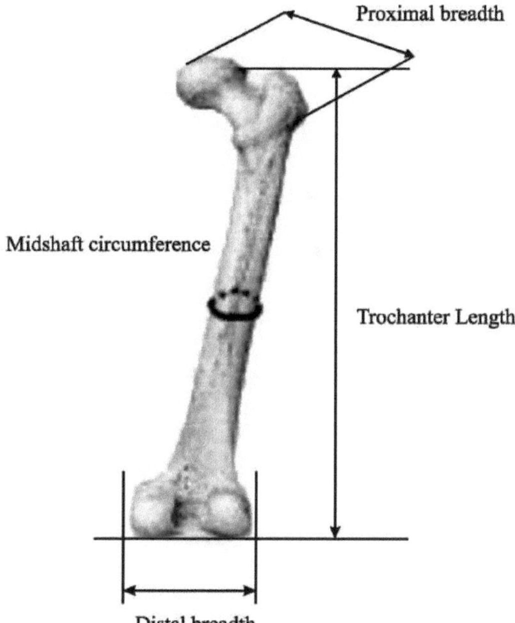

Fig. 4.2. A amplitude distal, o comprimento do trocânter, a circunferência média do eixo e a amplitude proximal

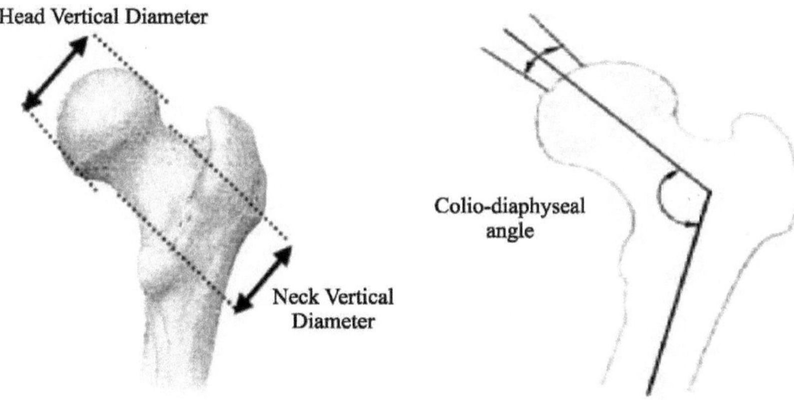

Fig. 4.3. Diâmetro vertical da cabeça e diâmetro vertical do pescoço Fig. 4.4. O ângulo colo-diafisário

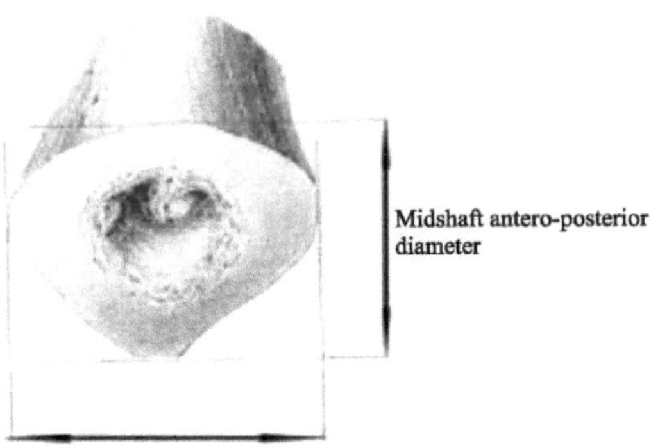

Fig. 4.5. Diâmetro transversal a meio do eixo e diâmetro antero-posterior a meio do eixo [W]

4.4. 2Desenho do osso do fémur em CAD

Para obter o modelo 3D, foi utilizado o Solid-works que é um software CAD de 3rd geração. Utilizando as medições efectuadas num osso real e fazendo observações do perfil, foram desenvolvidas algumas formas simples. Segue-se o processo de modelação.

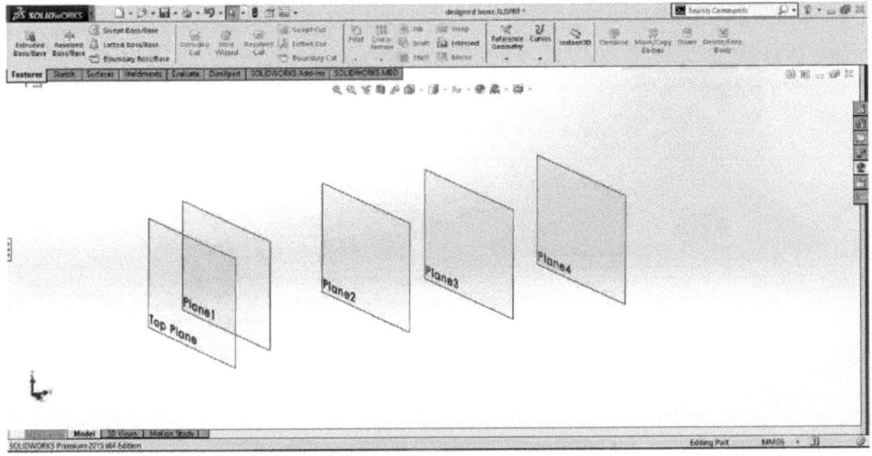

Fig. 4.6. Definir cinco planos de referência para modelar um osso do fémur

Inicialmente, definimos cinco planos de referência, como se mostra na Fig. 4.6 (plano superior e plano de repouso a uma distância de 40, 190, 300 e 420 mm do plano superior no mesmo lado). É definido um esboço no plano 1 utilizando o comando edit sketch com caraterísticas de curva e spline, como se mostra na Fig. 4.7.

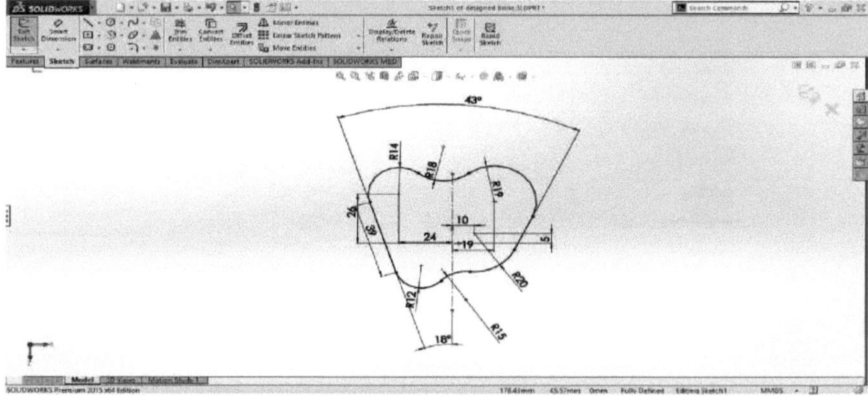

Fig. 4.7. Esboço da secção transversal da cabeça do fémur no primeiro plano

Da mesma forma, os esboços seguintes foram definidos em planos afastados de 190, 300 e 420 mm. Utilizando o comando loft, boss/base, os esboços definidos foram unidos num único corpo sólido. O segundo esboço do osso do fémur na secção transversal do eixo médio é definido no plano 2 utilizando o comando edit sketch com caraterísticas de curva e spline como se mostra na Fig. 4.8.

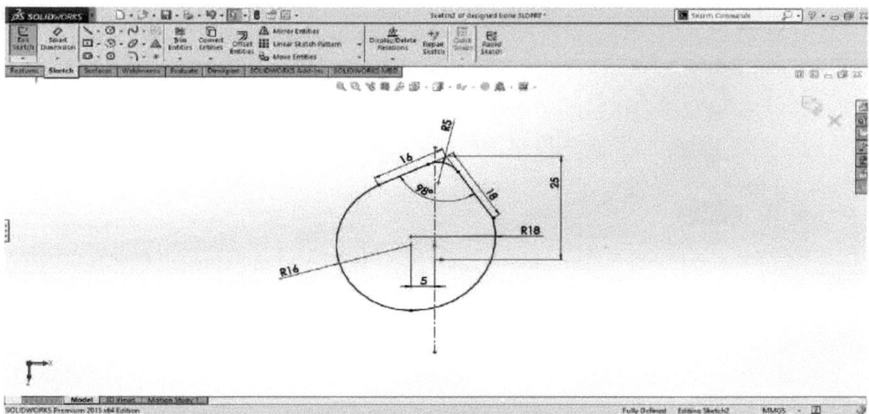

Fig. 4.8. Esboço da secção transversal da diáfise média do fémur no segundo plano atl90 mm

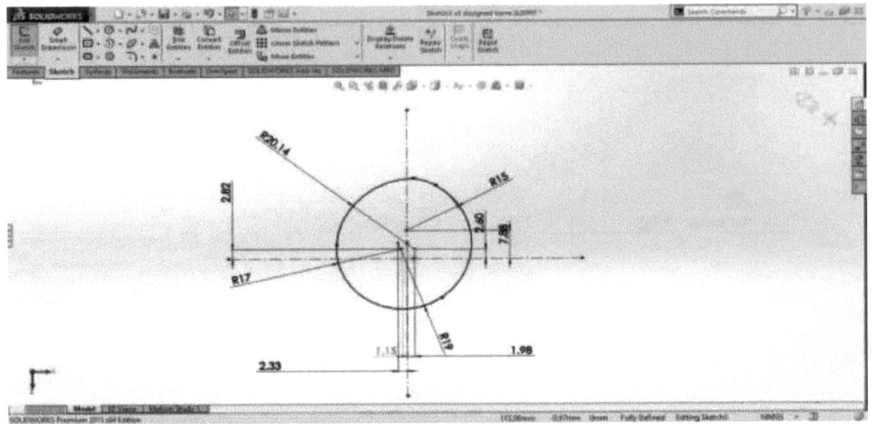

Fig. 4.9. Esboço da extremidade inferior da secção transversal do osso cortical do fémur no plano 3 a 300 mm

Utilizando o comando loft, boss/base, os esboços definidos foram unidos num único corpo sólido, como se mostra na Fig. 4.9. O terceiro esboço da extremidade inferior da extremidade cortical da secção transversal do osso do fémur é definido no plano 3 a 300 mm utilizando o comando edit sketch com caraterísticas de curva e spline, como se mostra na Fig. 4.10.

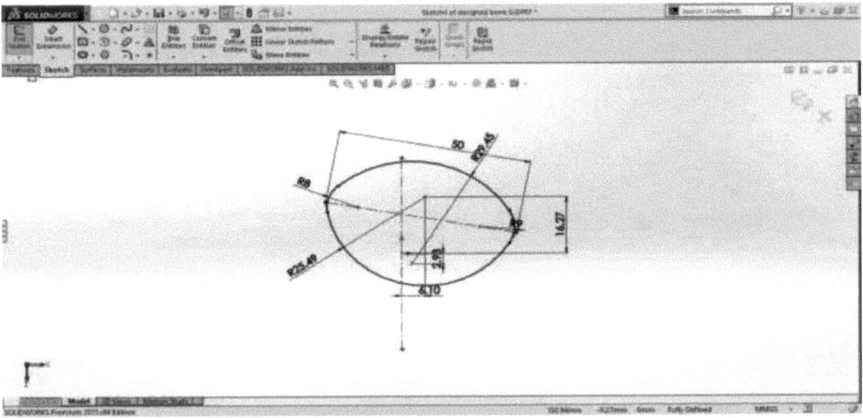

Fig. 4.10. Esboço da extremidade inferior da tíbia extremidade do fémur secção transversal do osso no plano 4 a 420 mm

Utilizando o comando loft boss/base, os esboços definidos foram unidos num único corpo sólido. O quarto esboço da extremidade inferior da tíbia, extremidade da secção transversal do fémur, é definido no plano 4 a 420 mm utilizando o comando edit sketch com caraterísticas de curva e spline, como se mostra na Fig. 4.11.

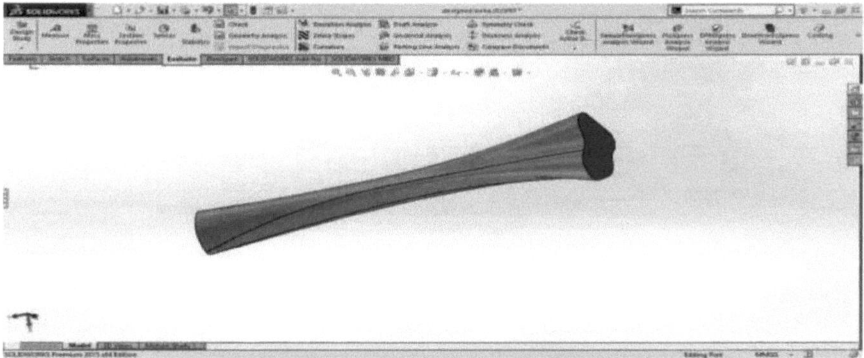

Fig. 4.11. Modelo sólido desenvolvido pelo comando extrude

É definido um plano axial e utilizando um esboço desenhado no plano 5 e utilizando o comando revolve Boss/Base, a forma do osso do fémur é definida como se mostra na Fig. 4.12.

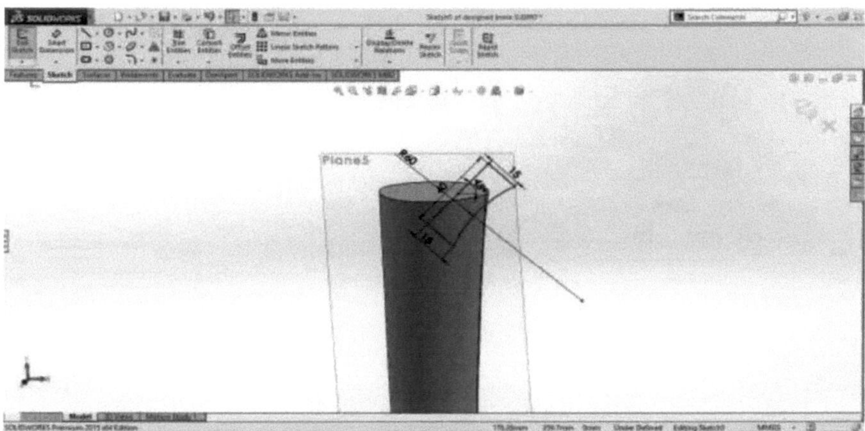

Fig. 4.12. O modelo soldado do braço da cabeça do fémur é desenhado pelo comando revolve

Nessa caraterística, foi fixada uma forma secundária por comando de cúpula com um raio de 25 mm, como mostra a Fig. 4.13.

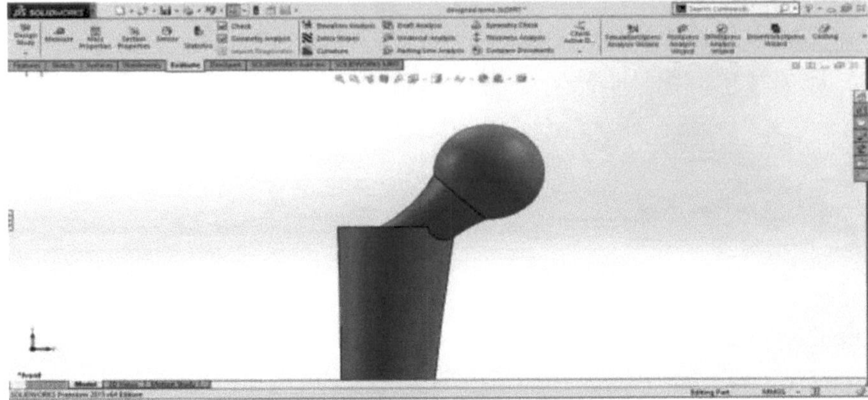

Fig. 4.13. O modelo soldado da cabeça do fémur é desenhado pelo comando de cúpula

Para a extremidade inferior da tíbia do fémur, foi efectuada uma varredura de superfície com os perfis apresentados na Fig. 4.14. A superfície é convertida em sólido utilizando o comando surface thicken.

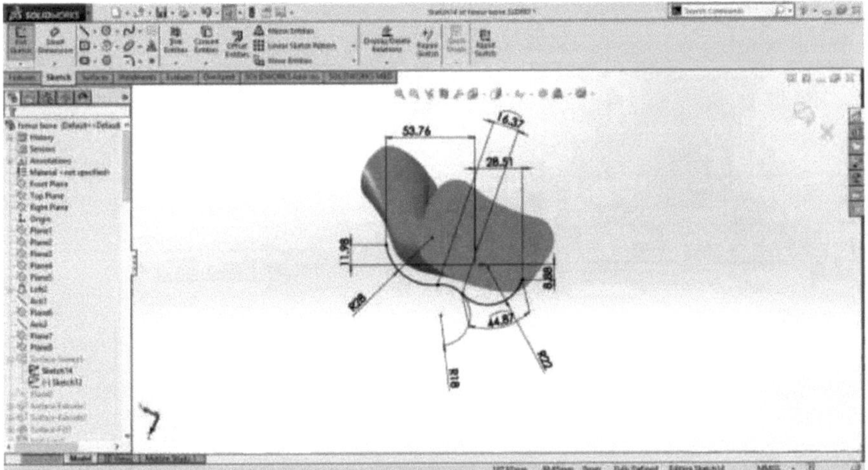

Fig. 4.14. Modelo sólido da extremidade inferior da tíbia do fémur por varrimento de superfície

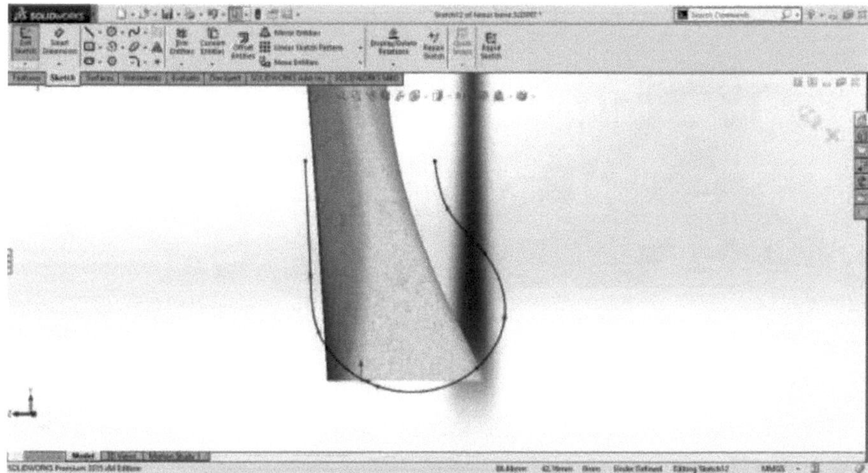

Fig. 4.15. Modelo sólido da extremidade da tíbia do fémur por comando de filete

Foram utilizadas várias ferramentas de modelação de superfícies, como o filete, a cúpula, o corte de superfície, etc., para obter uma forma próxima do osso real, como se mostra na Fig. 4.16 e na Fig. 4.17.

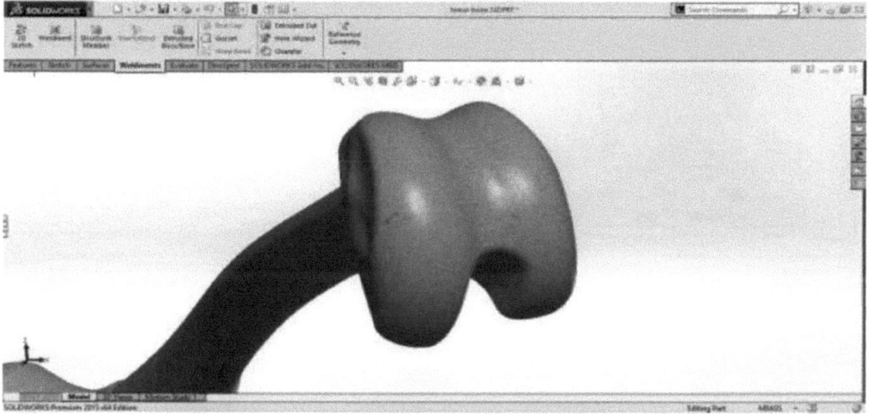

Fig. 4.16. Modelo sólido da extremidade da tíbia do fémur por comando de corte em cúpula e superfície

O diâmetro vertical na cabeça e no pescoço foi efectuado utilizando a base loft, bose *I*, como indicado nos seguintes perfis [T].

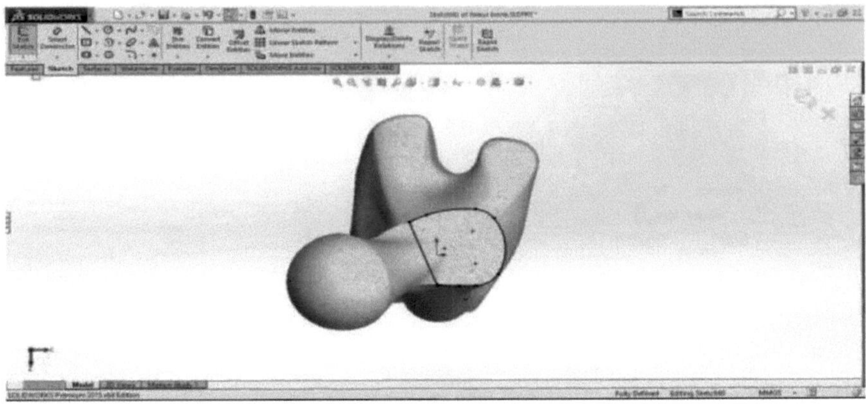

Fig. 4.17. Cabeça do fémur perto do diâmetro vertical

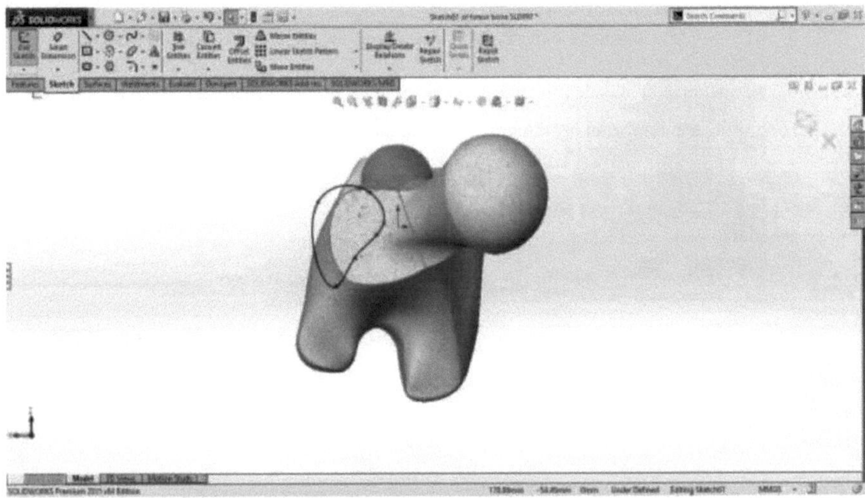

Fig. 4.18. Cabeça do fémur perto do diâmetro vertical do colo

Para o tornar mais próximo de um fémur real, são utilizadas caraterísticas de suporte como a cúpula e o filete em várias posições e a análise do mesmo é feita na Fig. 4.19.

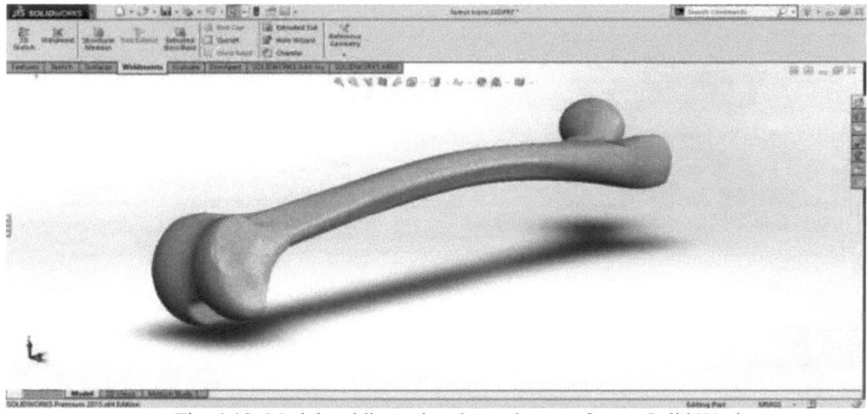

Fig. 4.19. Modelo tridimensional gerado no software Solid Works

4.4.3 . Conceção da placa óssea protésica

A placa óssea protésica é concebida de acordo com a placa disponível no mercado. As dimensões são medidas com exatidão através de instrumentos de medição precisos como o micrómetro, o compasso de calibre vernier e o medidor de raio. As dimensões medidas da placa protésica são apresentadas a seguir:

-Comprimento da placa L = 165 mm

-Largura da placa B = 16 mm

-Espessura da placa T = 5 mm

-Espessura do bordo inferior da placa a partir do plano superior Ti =5,85 mm

-Raio do orifício do parafuso R = 2,75 mm

-Raio do orifício do fio Ri = 2,34 mm

-Largura do orifício do parafuso Bi = 7,18 mm

-Comprimento do orifício do parafuso Li = 8,23 mm

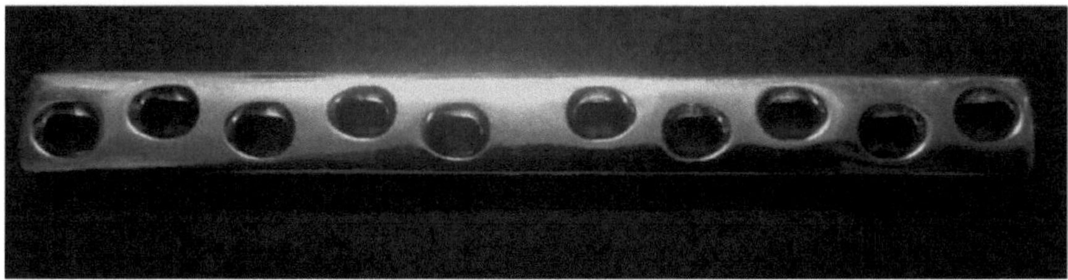

Fig. 4.20. Vista superior da placa protésica real

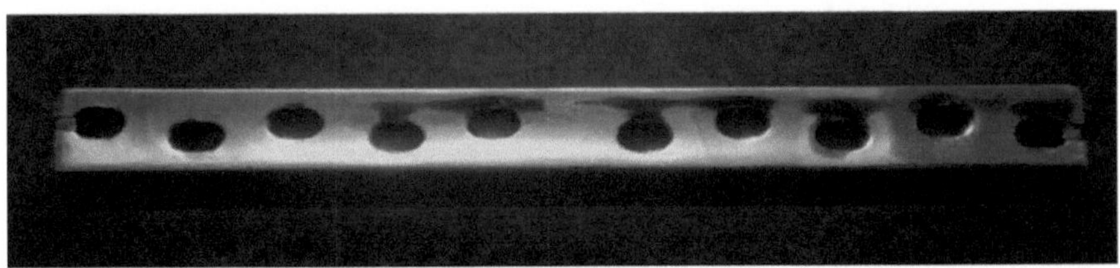

Fig. 4.21.. Vista inferior da placa protésica real

Fig. 4.22. Dimensão medida a partir da extremidade inferior da placa

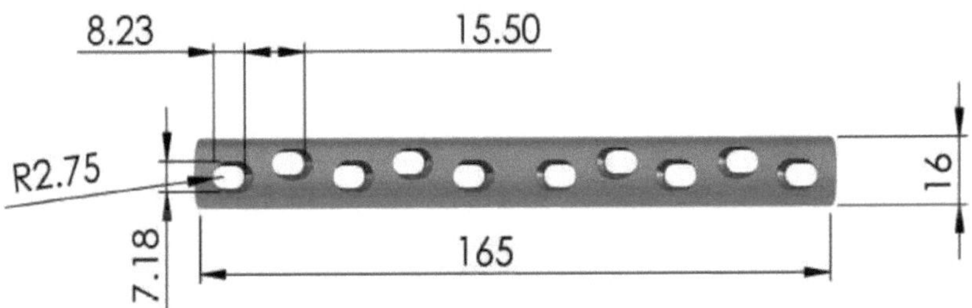

Fig. 4.23. Dimensão medida a partir da extremidade superior da placa

Fig. 4.24. Vista frontal da placa

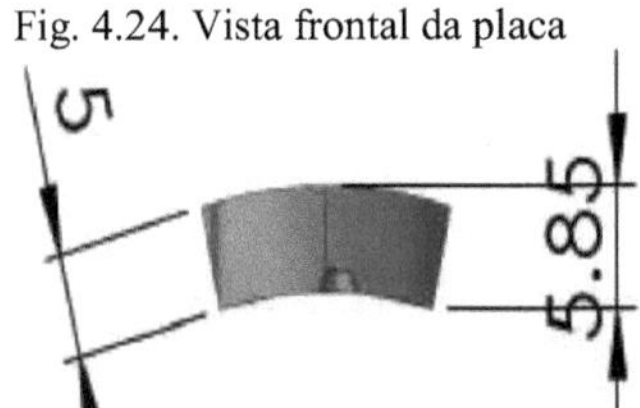

Fig. 4.25. Dimensões medidas no lado direito da placa

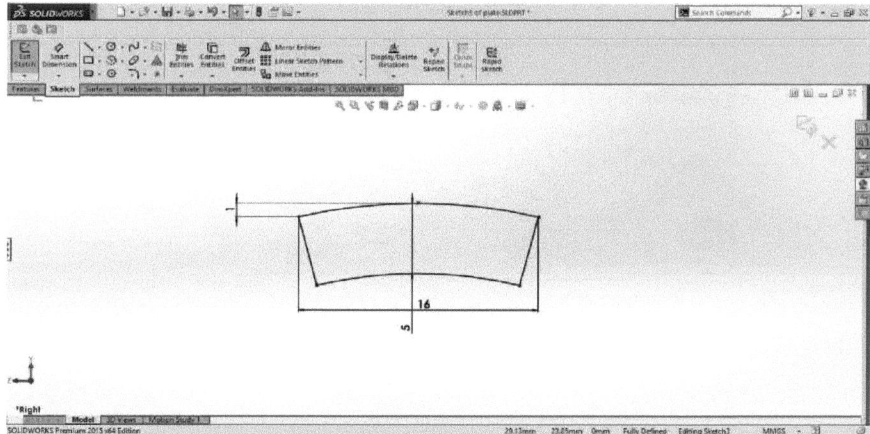

Fig. 4.26. Vista lateral mostrando a curvatura da placa

Foi feita uma observação fina das curvas presentes na placa, como mostra a Fig. 4.26. O desenho começa com a utilização da saliência/base de extrusão do esboço. Para dar um rebordo adequado à placa, é utilizado o corte por extrusão com o perfil, como se mostra na Fig. 4.27 e na Fig. 4.28.

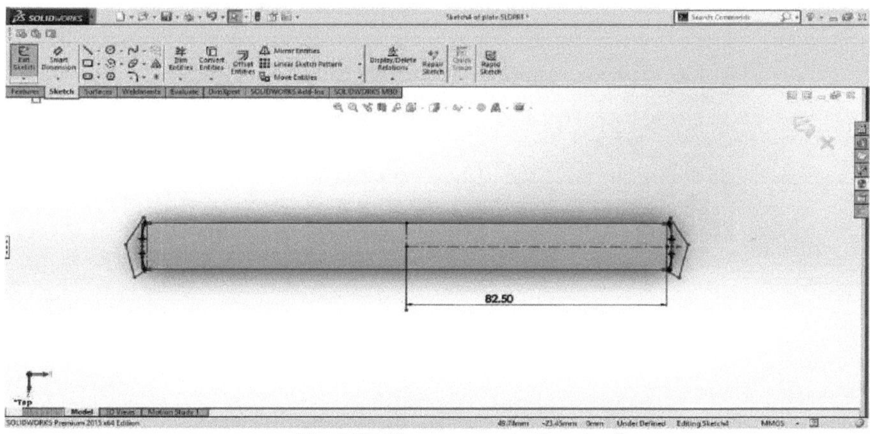

Fig. 4.27. Placa com corte de extrusão

As ranhuras presentes na placa foram obtidas por dois cortes de extrusão e foram modeladas linearmente, como mostra a Fig. 4.29. Os esboços utilizados para o corte por extrusão também são apresentados. A distância do padrão linear é de 31,6 mm, que foi medida com exatidão a partir da placa real, e o padrão é espelhado em torno de um plano simétrico, como se mostra na Fig. 4.30.

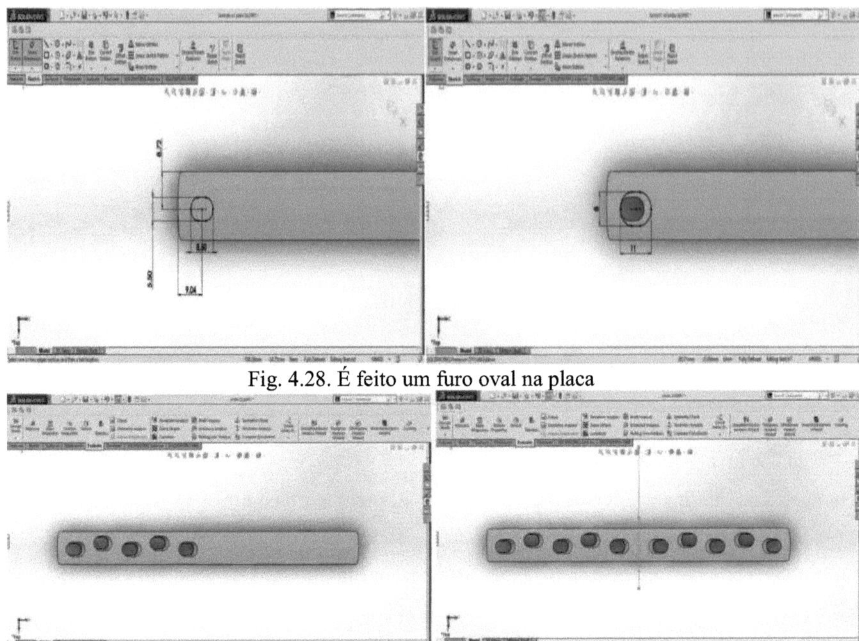

Fig. 4.28. É feito um furo oval na placa

Fig. 4.29. O padrão é espelhado em torno de um plano simétrico

As duas ranhuras selecionadas na Fig. 4.30 abaixo foram feitas utilizando uma caraterística de corte por extrusão com um círculo de diâmetro de 2,35 mm, como mostra a Fig.4.31.

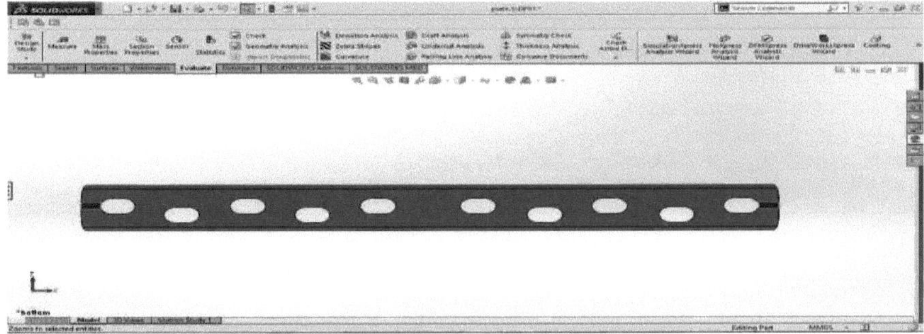

Fig. 4.30. Vista inferior da placa óssea protética

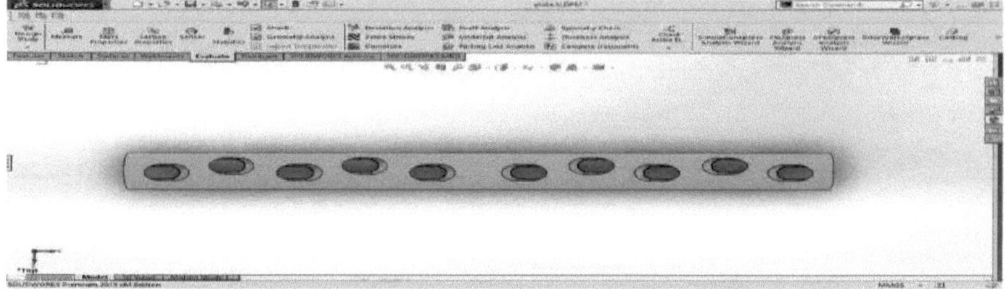

Fig. 4.31. Vista superior da placa óssea protética

4.4.4 Conceção do parafuso

Os parafusos utilizados para ligar a placa e o osso estão disponíveis com um diâmetro padrão de 5 mm em diferentes comprimentos que podem ser utilizados de acordo com a necessidade.

Os parafusos utilizados no desenho têm todos 38 mm de comprimento. O desenho é efectuado de acordo com medidas precisas retiradas do parafuso real.

O esboço ou perfil do parafuso é desenhado como se mostra na Fig. 4.34 e a caraterística Revolve Boss/Base foi utilizada para criar um parafuso axialmente simétrico como se mostra na Fig. 4.35.

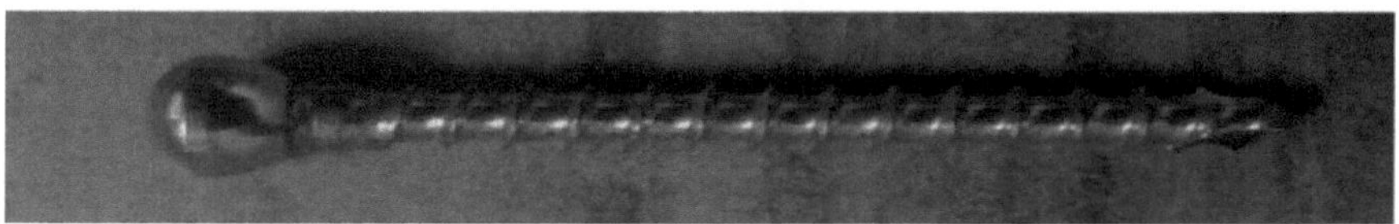

Fig. 4.32. Vista frontal do parafuso real

A dimensão do parafuso é mostrada abaixo:

- Diâmetro menor di= 4,5 mm
- Diâmetro maior d2 = 5,3 mm
- Passo p = 1,92 mm
- Comprimento da haste l = 33,74 mm
- Comprimento superior L= 37,84 mm
- Ângulo de rosca a = 30°

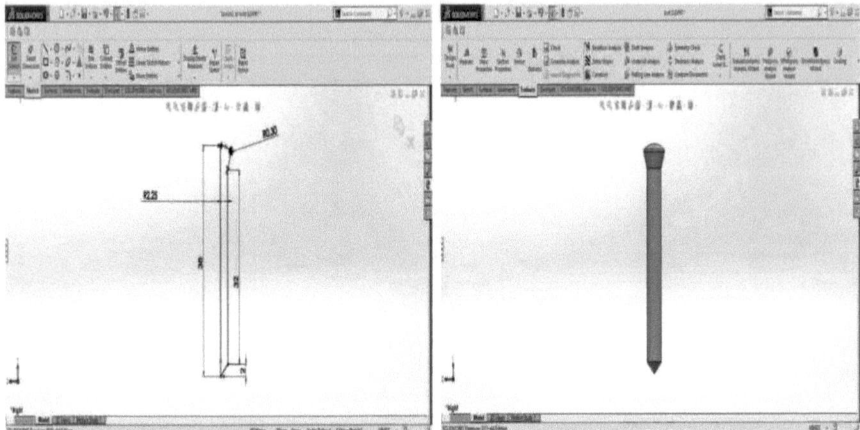

Fig. 4.33. O esboço do perfil do parafuso
Fig. 4.34. A função Revolver Chefe/Base

A ranhura da chaveta é gerada através de um esboço no plano superior da cabeça do parafuso e utilizando a função de corte por extrusão até 2 mm, como se mostra na Fig. 4.36.

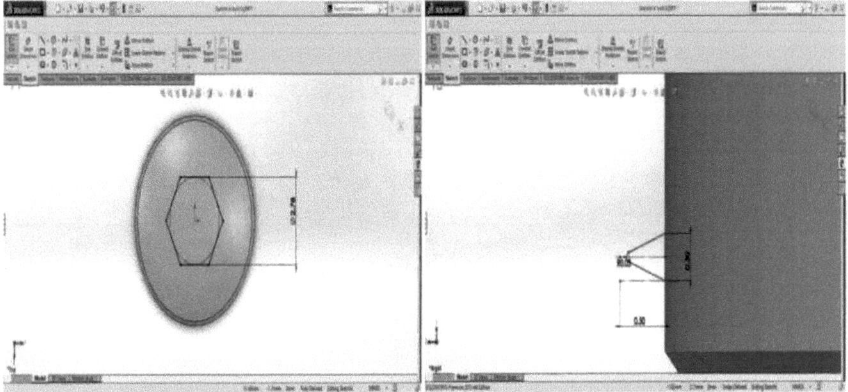

Fig. 4.35. Ranhura da chave na cabeça do parafuso hexagonal Fig. 4.36. Perfil de rosca em V

A rosca foi formada com a utilização de uma base de varrimento. O passo da rosca é de 1,5 mm e o diâmetro do círculo de passo é de 4,5 mm. O caminho para o varrimento é criado utilizando uma hélice a partir de um círculo de diâmetro 4,5 mm. O passo da hélice é de 1,5 mm com uma altura de 30 mm, como se mostra na Fig. 4.37.

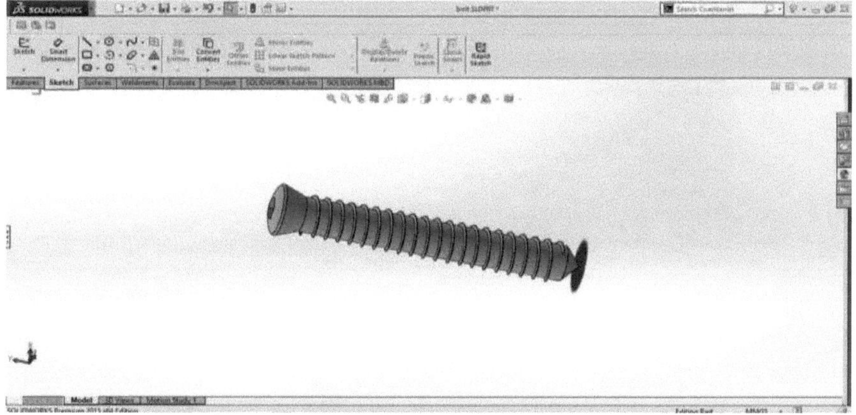

Fig. 4.37. Modelo tridimensional de parafuso roscado em V

4.4.5Dimensão do modelo montado de osso do fémur, placa e parafuso

Após a modelação do osso do fémur, da placa protésica e do parafuso, o conjunto é importado para o software ANSYS com e sem fratura no osso do fémur, como se mostra na Fig. 4.39. e na Fig. 4.40.

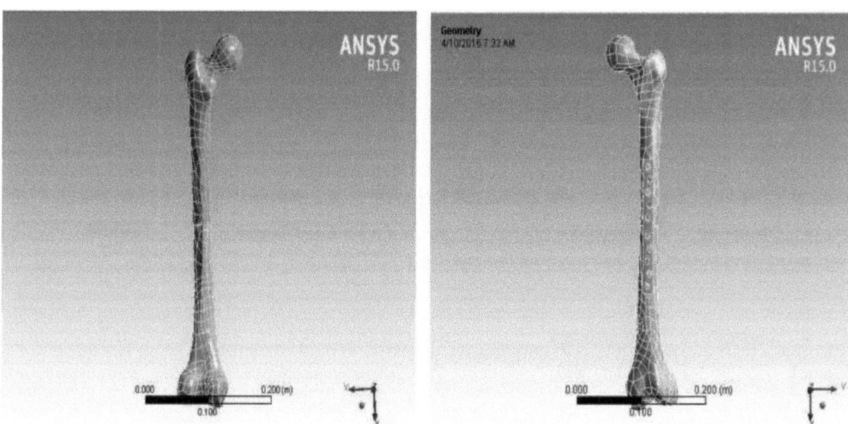

Fig. 4.38. Geometria da fratura do osso do fémur
Fig. 4.39. Vista montada de um osso fracturado

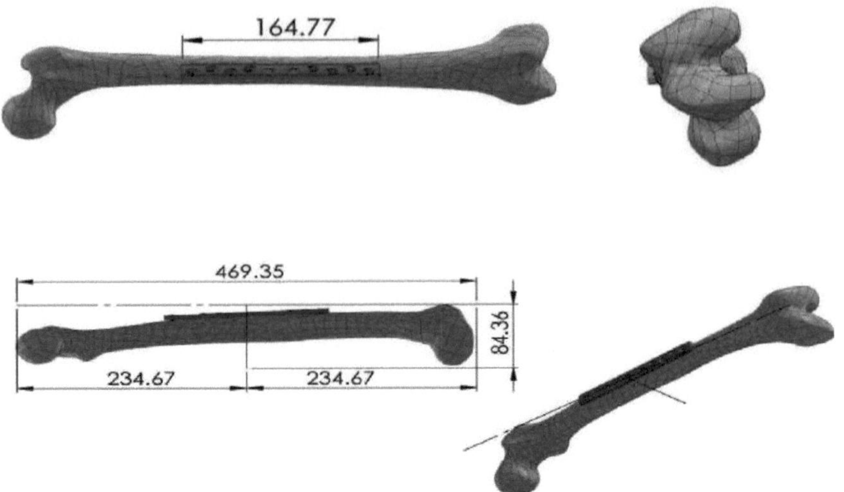

Fig. 4.40. Vistas tridimensionais do conjunto fémur, placa e parafusos

Fixar a placa protésica com o osso do fémur a meio da haste, onde o osso é cortado, de modo a que a placa seja fixada em partes iguais de ambos os lados da fratura. Fixe a placa com a ajuda de quatro parafusos em cada lado da fratura, de modo a que a cabeça do parafuso fique posicionada longe da fratura. Isto deve-se ao facto de, quando a carga é aplicada na cabeça do fémur, ser transferida do osso para o parafuso e ocorrer um movimento relativo entre o parafuso e o osso, de modo a que o lado mais afastado da cabeça do parafuso se mova em direção à fratura. Os orifícios a meio da placa são considerados vazios para uma distribuição adequada da carga através dos parafusos e da placa. A placa é fixada na curva de tração do osso do fémur porque, após a aplicação da carga na cabeça do fémur, a superfície de tração do osso fica sujeita a tensões de compressão para equilibrar corretamente as tensões. A fixação alternada dos parafusos também é possível para reduzir a tensão de pré-aperto na placa e no osso. Durante o implante, a montagem deve ser efectuada de modo a que a tensão máxima seja transferida para os parafusos, uma vez que a placa é implantada apenas para suportar o osso do fémur. Deste modo, o osso do fémur pode ser contactado com o mínimo de tensão.

4.4.6 Anexar geometria

Crie geometria numa aplicação externa ou importe um ficheiro de malha existente. As opções para trazer a geometria incluem:

- Selecionar a célula geométrica no esquema de um sistema de análise.
- Clique com o botão direito do rato na célula geométrica listada para selecionar a geometria para importação.

- Se necessário, defina as opções de geometria para importação para a aplicação Mechanical, realçando a célula de geometria e selecionando as definições em preferências no painel de propriedades.
- Faça duplo clique na célula do modelo no mesmo esquema do sistema de análise. A aplicação Mechanical abre-se e apresenta a geometria.

4.5 Geração de malhas

A malha é o processo no qual a geometria é espacialmente discretizada em elementos e nós. Esta malha, juntamente com as propriedades dos materiais, é utilizada para representar matematicamente a rigidez e a distribuição de massa da estrutura. O modelo é automaticamente engrenado no momento da resolução.

O tamanho predefinido do elemento é determinado com base numa série de factores, incluindo o tamanho global do modelo, a proximidade de outras topologias, a curvatura do corpo e a complexidade da caraterística. Se necessário, a finura da malha é ajustada até quatro vezes para obter uma malha correta.

4.5.1 Faces e secções transversais de elementos sólidos 3d

Os ensaios de forma de elementos sólidos 3D, como os hexaédricos, as pirâmides, as cunhas e os tetraédricos, são efectuados indiretamente. Um elemento de tijolo tem 6 faces quadriláteras e 3 secções transversais quadriláteras, como se mostra na Fig. 4.41 e na Fig. 4.42. As secções transversais estão ligadas a nós de tamanho médio ou a pontos médios de arestas quando os nós de lado médio não estão definidos.

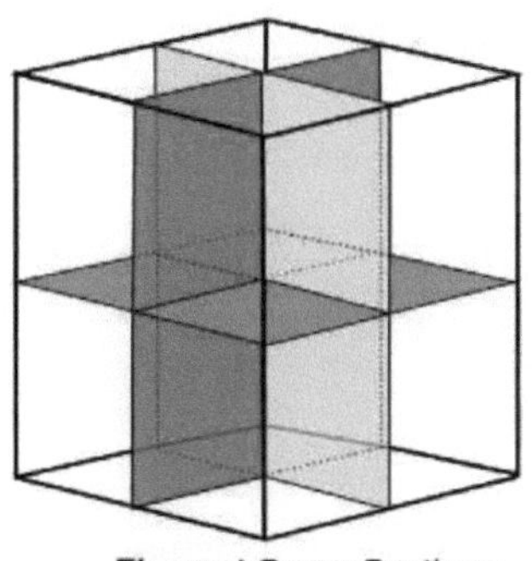

Fig. 4.41 Elemento de tijolo com seis faces quadrilaterais
Fig. 4.42. Elemento de tijolo com três secções transversais quadrilaterais

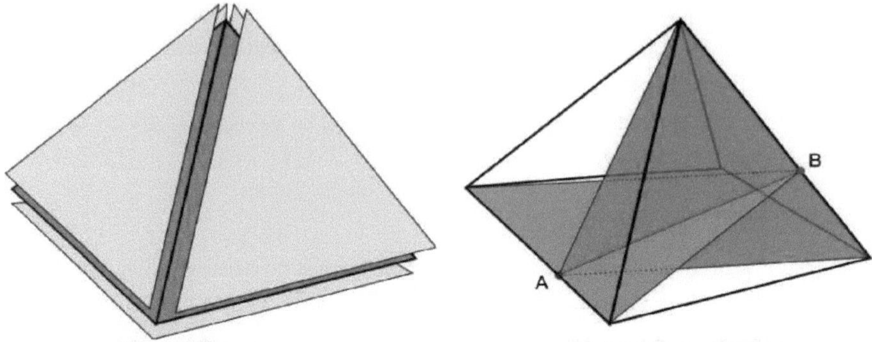

Fig. 4.43. O elemento pirâmide tem 1 quadrilátero e 4 faces triangulares, e 8 secções transversais triangulares

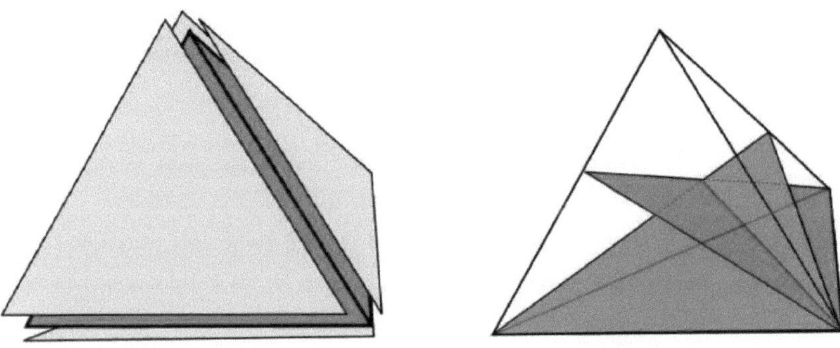

Fig. 4.44. O elemento tetraedro tem quatro faces triangulares e seis secções transversais triangulares

A malha do modelo consiste em elementos tetraédricos. A malha consiste num número de 113642 elementos e num número de 209019 nós, como se mostra na Fig. 4.45.

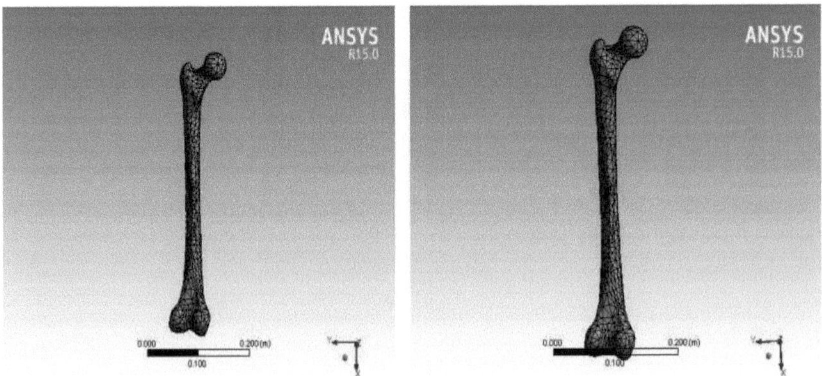

Fig. 4.45. Malha do fémur sem fratura e com fratura simples

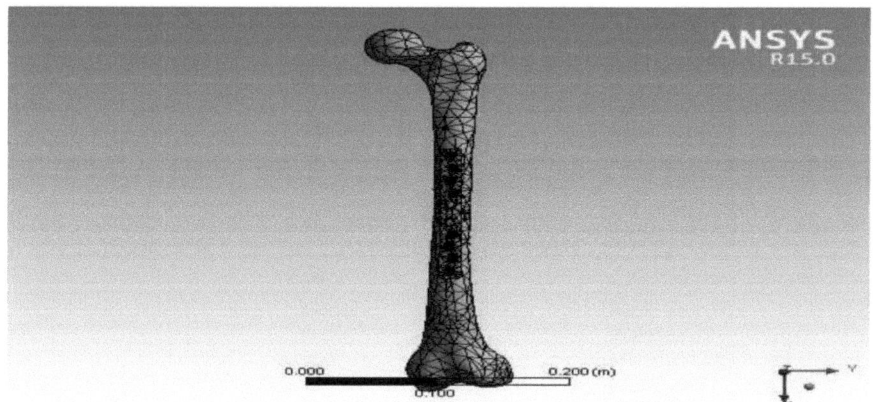

Fig. 4.46. Malha de um conjunto fracturado simples

As Fig. 4.46. e Fig. 4.47. mostram a malha do modelo cad de fémur, placa e parafusos sem fratura, com fratura simples e montagem de fratura dupla. É utilizada a técnica de malha volumétrica e a forma dos elementos é um tetraedro. A malha do modelo é efectuada pelo ANSYS 15.

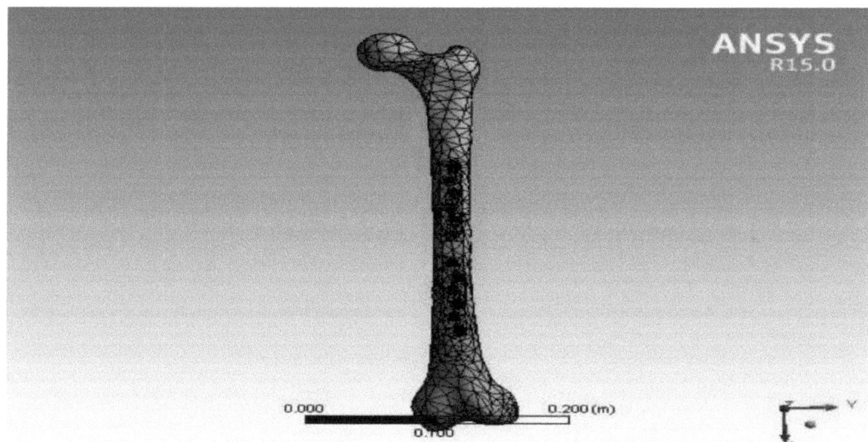

Fig. 4.47. Malha do conjunto com dupla fratura

QUADRO 4.3

RELATÓRIO DE MALHA GERADO NO ANSYS DO MODELO MONTADO DE OSSO DO FÉMUR, PLACA E PARAFUSO

Object Name	*Mesh*
State	Solved
Defaults	
Physics Preference	Mechanical
Relevance	0
Sizing	
Use Advanced Size Function	Off
Relevance Center	Coarse
Element Size	Default
Initial Size Seed	Active Assembly
Smoothing	Medium
Transition	Fast
Span Angle Center	Coarse
Minimum Edge Length	7.6229e-005 m
Inflation	
Use Automatic Inflation	None
Inflation Option	Smooth Transition
Transition Ratio	0.272
Maximum Layers	5
Growth Rate	1.2
Inflation Algorithm	Pre
View Advanced Options	No
Patch Conforming Options	
Triangle Surface Mesher	Program Controlled
Patch Independent Options	
Topology Checking	Yes
Advanced	
Shape Checking	Standard Mechanical
Element Midside Nodes	Program Controlled
Straight Sided Elements	No
Number of Retries	Default (4)
Extra Retries For Assembly	Yes
Rigid Body Behavior	Dimensionally Reduced
Mesh Morphing	Disabled
Statistics	
Nodes	209019
Elements	113642
Mesh Metric	Skewness
Min	1.09419422608702E-02
Max	1

Existem duas importantes métricas de qualidade da malha no ANSYS que devem estar dentro dos limites permitidos para uma boa qualidade da malha. São eles:

- Skewness: É definido como o rácio entre o tamanho ideal da célula - tamanho da célula e o tamanho ideal da célula.
- Rácio de aspeto: É definido como o rácio entre o lado mais comprido e o lado mais curto.

O rácio de aspeto é igual a 1 para um triângulo equilátero ou um quadrado. Para uma boa qualidade da malha, a assimetria:

- Para hexa, tri e quad: deve ser inferior a 0,9.
- Para tetraédrico: deve ser inferior a 0,99.

O QUADRO 4.3 mostra a assimetria do modelo, que é em média 0,80, o que está dentro do limite admissível da malha triangular, que é inferior a 0,90.

4.6 Pré-processador

É utilizado para introduzir a geometria, gerar a grelha, atribuir os parâmetros e as condições de fronteira ao objeto. As seguintes condições de fronteira são definidas na análise da estrutura atual do modelo:

- Suporte fixo na tíbia/extremidade inferior do fémur, selecionando todas as faces da extremidade inferior do fémur. Isto significa que está fixo nas três direcções e livre na extremidade superior/cabeça nas três direcções.
- A força aplicada de 750 N actuará na direção descendente x no caso atual, porque se assume que o peso médio de uma pessoa adulta é quase igual ao peso definido na cabeça do fémur na direção descendente, como mostra a cor vermelha na Fig. 4.48.

Devem ser considerados três casos diferentes na parte inferior e superior da cabeça do fémur: sem fratura, fratura simples e fratura dupla. São aplicadas as mesmas condições de fronteira para fixar a extremidade inferior e a carga estática na cabeça circular do fémur na análise estrutural estática

4.6.1 Osso do fémur sem fratura

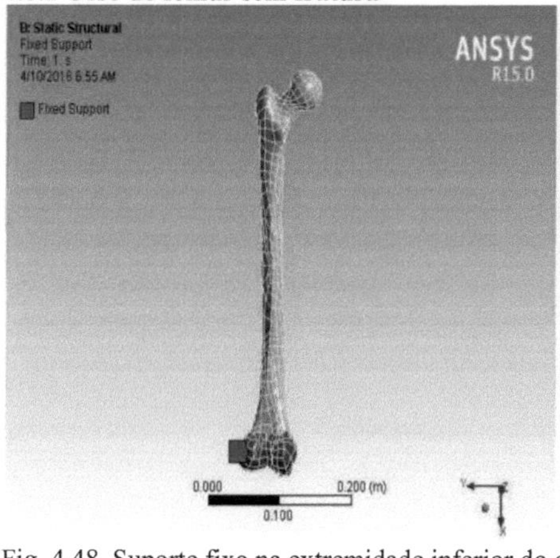

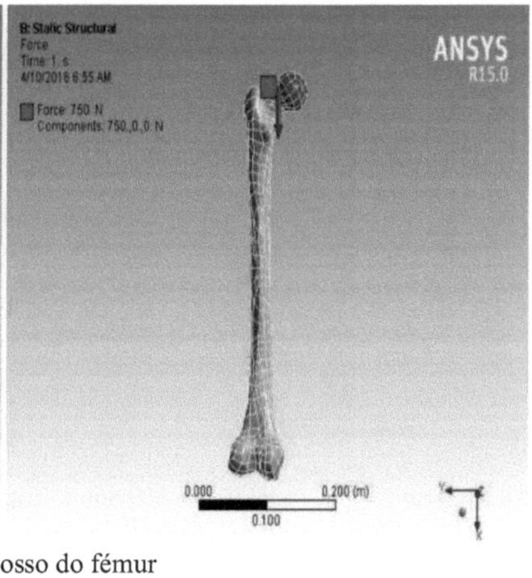

Fig. 4.48. Suporte fixo na extremidade inferior do osso do fémur
Fig. 4.49. Força aplicada na cabeça óssea do fémur

4.6.2 Osso do fémur com fratura simples sem placa de suporte

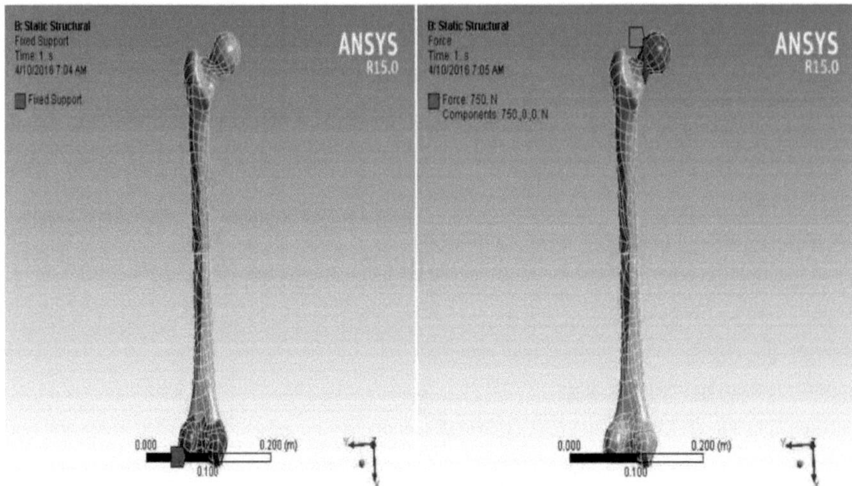

Fig. 4.50. Suporte fixo na base do fémur
Fig. 4.51. Força aplicada na cabeça óssea do fémur

4.6.3 . Fratura simples do fémur com placa protésica e parafusos

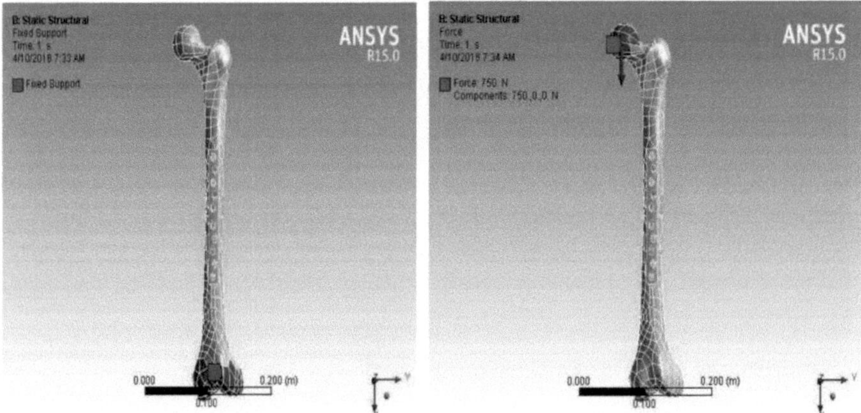

Fig. 4.52. Suporte fixo na extremidade inferior do fémur
Fig. 4.53. Força aplicada na cabeça óssea do fémur

4.6.4. Fémur duplamente fracturado com placa protésica e parafusos

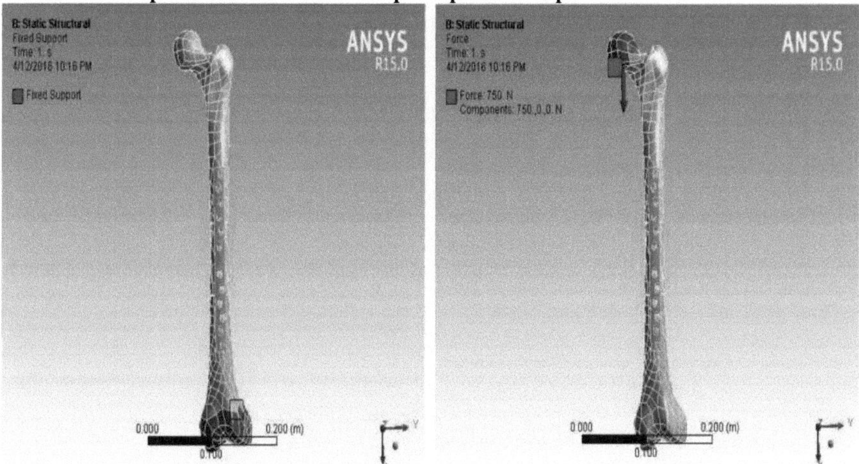

Fig. 4.54. Suporte fixo na extremidade inferior do osso do fémur
Fig. 4.55. Força de 750 N na cabeça óssea do fémur

4.7 Solucionador

No modo de solução de uma análise, o computador assume o controlo e resolve o conjunto simultâneo de equações que o método dos elementos finitos gera. Os resultados da solução são:

- Valores do grau de liberdade nodal que formam a solução primária.
- Avalia a resultante que forma a solução do elemento.

O pós-processamento é a etapa final do processo de análise de elementos finitos. É imperativo interpretar os resultados em relação às suposições feitas durante a criação e solução do modelo. O pós-processador é utilizado para interpretar os dados e apresentar os resultados em modo gráfico.

CAPÍTULO 5

ANÁLISE DE ELEMENTOS FINITOS

5.1 Introdução

Normalmente, quando se projectam estruturas mecânicas, é necessário efetuar várias análises para determinar a resistência da estrutura às cargas prováveis que actuam no sistema. Entre estas análises, a análise estática é a análise mais comum implementada em estruturas para determinar a sua resistência contra cargas estáticas que actuam na estrutura. Neste capítulo, a análise estrutural é efectuada na cabeça óssea do fémur para as condições de carga estática. Isto é aceite para determinar a tensão e a deformação máximas no osso do fémur devido à carga estática. A análise estrutural estática é efectuada utilizando a técnica numérica FEA e o software ANSYS [J].

5.2 Análise por elementos finitos do osso do fémur

A análise de elementos finitos é implementada para definir a reação de uma estrutura a cargas aplicadas autonomamente no tempo. Esta reação contém deslocamentos, forças, tensões e deformações, dependendo do objeto de estudo. O objetivo do estudo na análise estática estrutural é verificar a localização das tensões elevadas especificadas pela cor vermelha e determinar a tensão máxima nesse local persuadida pelas cargas aplicadas. Para calcular estas tensões, o método dos elementos finitos utiliza deslocamentos considerados em cada nó, que são depois transformados em deformações e depois em tensões através de relações de estabilidade e constitutivas, respetivamente. Os deslocamentos são determinados através da resolução de um sistema de equações de equilíbrio para cada ponto nodal [Y] [Z]. A equação geral de equilíbrio do movimento é dada a seguir:

$$[M].\frac{d^2x}{dt^2} + [C].\frac{d^2x}{dt^2} + [K].\{x\} = \{F(t)\} \tag{5.1}$$

Onde,

[M] = matriz de massa,

[C] = é a matriz de amortecimento,

[K] = é a matriz de rigidez global, $\{d\ x/dt^{22}\}$ = vetor de aceleração, $\{dx/dt\}$ = vetor de velocidade e $\{x\}$ = vetor de deslocamento.

Esta equação é a seguinte [U]:

$$\{F\} = [k].\{x\} \tag{5.2}$$

em que a matriz de rigidez global [K] é composta pelas matrizes de rigidez dos elementos [k]. Esta técnica numérica é realizada na cabeça óssea do fémur utilizando o ambiente de simulação ANSYS workbench para determinar a distribuição de tensões na estrutura [U].

5.3 Parâmetros de conceção da solução da placa protésica

5.3.1 Parâmetros das constantes

- Espessura da placa protésica =5mm ,
- N.º de placas =1,
- Número de parafusos = 10 para uma única fratura,
- Peso médio do corpo humano = 750 N,
- Material ósseo = fosfato de cálcio,
- Tensão de contacto = constante,
- Condição ambiental = constante,
- Tamanho da fratura = 0,5 mm,
- Forma da placa protésica = constante,
- Tamanho do parafuso = constante.

5.3.2 Parâmetros variáveis

- Os diferentes materiais da placa protética são o aço inoxidável SS316L, as ligas Ti-6A1-4V, o nylon e a teoria da fratura simples e dupla da liga de alumina,
- Comprimento da placa protésica = 185 mm para fratura dupla,
- Número de parafusos = 14 para a fratura dupla,
- Gama de cargas = 500 N a 2500 N com um intervalo de carga de 100 N,
- Número de fissuras = duas fissuras no meio do eixo e perto do colo do fémur.

5.4 Análise estática

A análise estática é efectuada para determinar a tensão e a deformação no osso do fémur. Esta análise é o ponto de partida para a análise para efetuar o teste de convergência. Depois de efetuar esta análise e o teste de convergência, a análise é feita novamente com as mesmas restrições e condições de carga, o que dará uma tensão e deformação precisas para o fémur, que será a base para a otimização do osso do fémur. O material utilizado para a análise é o fosfato de cálcio do osso do fémur e vários aços estruturais para a placa e os parafusos, como mostra a TABELA 5.1.

QUADRO 5.1

PROPRIEDADES MECÂNICAS DO MATERIAL ÓSSEO DO FÉMUR [K]

Femur Bone Material	Density (ρ) (kg m^-3)	Young's Modulus E (GPa)	Poisson Ratio (γ)	Ultimate Tensile Strength (MPa)	Ultimate Compressive Strength (MPa)
Calcium Phosphate	1750	2	0.3	43.44	115.29

5.4.1 Deformação total e tensão equivalente

A deformação total é definida pela distorção ou alteração da forma. A deformação é causada por cargas externas, e o campo de deformação resulta de um campo de tensão incluído pelas forças aplicadas. A tensão é uma medida da força média por unidade de área de uma superfície que resulta na deformação da forma do corpo. A tensão de Von-mises é uma formulação para combinar três tensões principais numa tensão equivalente, que é depois comparada com a tensão de cedência do material. Diz-se que um material começa a ceder quando a sua tensão de Von-mises atinge um valor crítico identificado como a tensão de cedência [I].

Casc.l: Deformação total e tensão equivalente no caso do osso fémur sem fratura

Fig.5.1. mostra uma tensão equivalente no osso do fémur no caso de não haver fratura no meio da haste. A variação da tensão equivalente é observada na barra colorida. Observa-se que a tensão equivalente máxima de 1,6178 x 10 Pa ocorre no meio do osso do fémur, o que é indicado pelas cores vermelha e amarela, o que significa que, se ocorrer uma fratura, esta terá início no bordo de compressão mais exterior do eixo médio do osso do fémur.

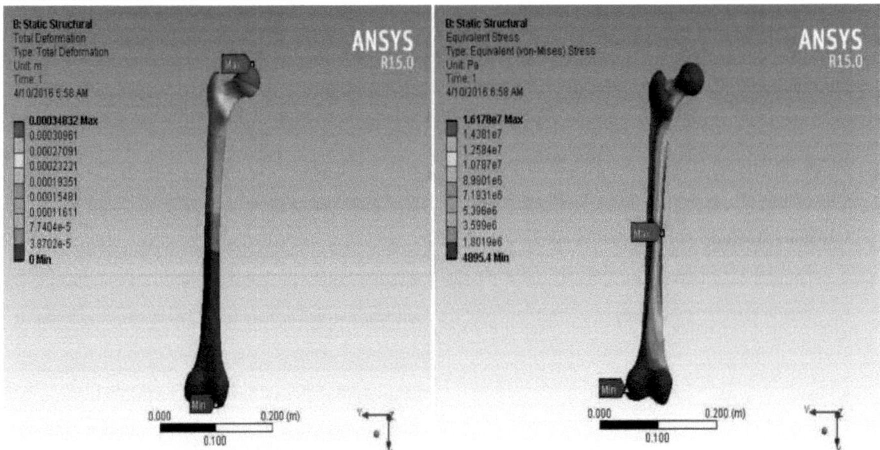

Fig. 5.1. Deformação total do osso do fémur

Fig. 5.2. Tensão equivalente para o osso do fémur

Fig.5.2. mostra a tensão equivalente no osso do fémur no caso de não haver fratura no meio da haste. A variação da tensão equivalente é observada na barra colorida. Verifica-se que a tensão equivalente máxima de 1,6178 x 10 Pa actua no bordo de compressão da diáfise média do osso do fémur, o que é indicado pelas cores vermelha e amarela, o que significa que, se ocorrer uma fratura, esta terá início no bordo de compressão mais exterior da diáfise média do osso do fémur.

Caso.2: Deformação total e tensão equivalente no caso de uma fratura simples de 0,5 mm no meio da diáfise do fémur

Fig.5.3. mostra a deformação total no osso do fémur no caso de uma única fratura com um intervalo de 0,5 mm no meio do eixo. A variação da deformação é observada na barra colorida. Verifica-se que a deformação máxima ocorre na extremidade superior da cabeça do fémur, como indicado pela cor vermelha. A deformação máxima no caso presente é de 0,328 mm, o que é muito reduzido, como mostra a figura, e não causa qualquer dano à estrutura.

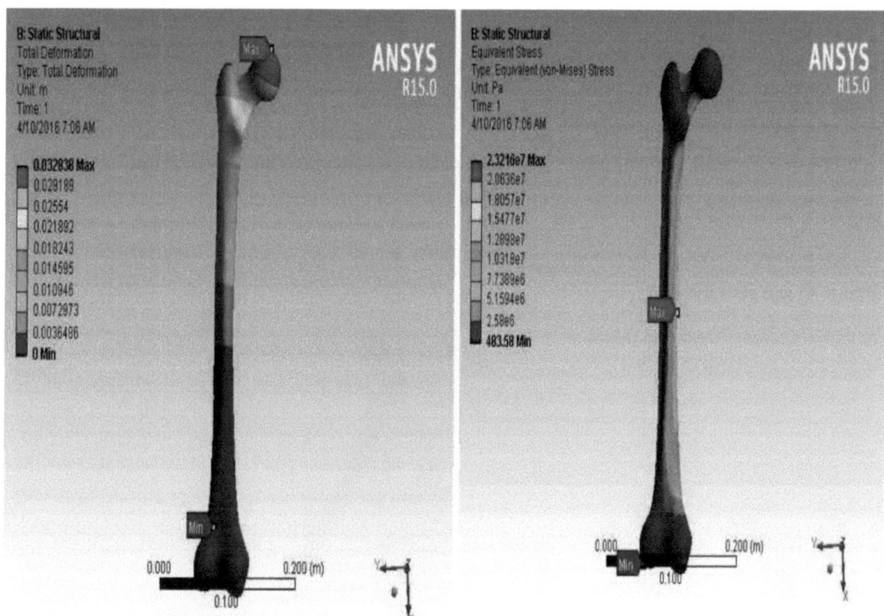

Fig. 5.3. Deformação total do fémur fracturado
Fig. 5.4. Tensão equivalente para fémur fracturado

Fig.5.4. mostra a tensão equivalente no osso do fémur no caso de uma única fratura com um intervalo de 0,5 mm no meio do eixo. A variação da tensão equivalente é observada na barra colorida. Verifica-se que a tensão equivalente máxima de 2,32x10 Pa actua no bordo de compressão da haste média do fémur, o que é indicado pelas cores vermelha e amarela, o que significa que a fratura ocorre no bordo de compressão mais exterior da haste média do fémur.

5.5 Resultado

Na Tabela 5.2, mostra-se que a deformação máxima total no osso do fémur com fratura dupla é superior à deformação máxima total no osso do fémur sem fratura. De forma semelhante, a deformação máxima total no fémur com uma única fratura é superior à deformação máxima total no fémur sem fratura.

TABLE 5.2

PARÂMETROS DE RESULTADO DO OSSO DO FÉMUR COM FRACTURA E SEM FRACTURA

Parameters	Femur bone with single fracture and without fracture		Multiple fractures
	Femur bone with single fracture	Femur bone without fracture	Femur bone with double fracture
	Max	Max	Max
Total deformation (mm)	3.28	0.34832	3.30
Equivalent stress (MPa)	23.216	16.178	18.25

5.6. Deformação total e tensão equivalente em diferentes biomateriais com uma única fratura no osso do fémur

Caso.3: Deformação total e tensão equivalente na haste de um único fémur fracturado fixado por uma placa de aço inoxidável.

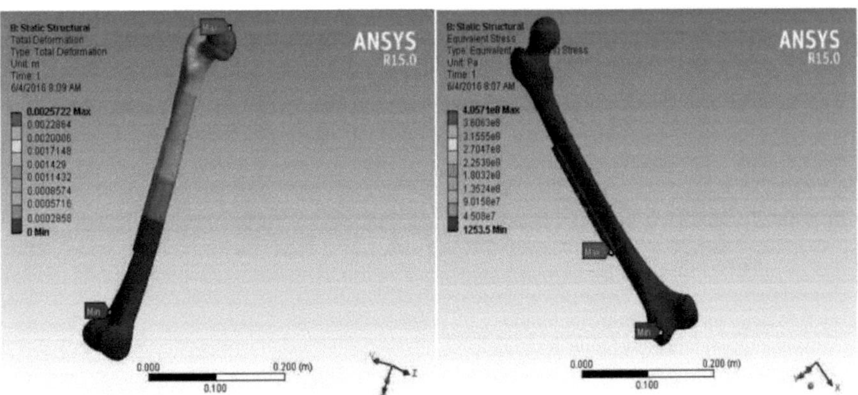

Fig. 5.5. Deformação total e tensão equivalente para SS316L em fratura simples

Caso.4: Deformação total e tensão equivalente na haste do fémur de uma única fratura fixada por uma placa de liga de titânio

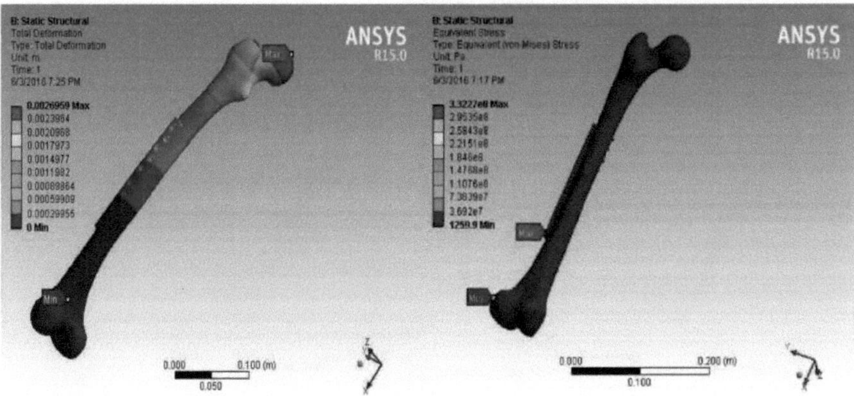

Fig. 5.6. Deformação total e tensão equivalente para o Ti4A16V em fratura simples

Caso.5: Deformação total e tensão equivalente na haste de um único fémur fracturado fixado por uma placa de alumina.

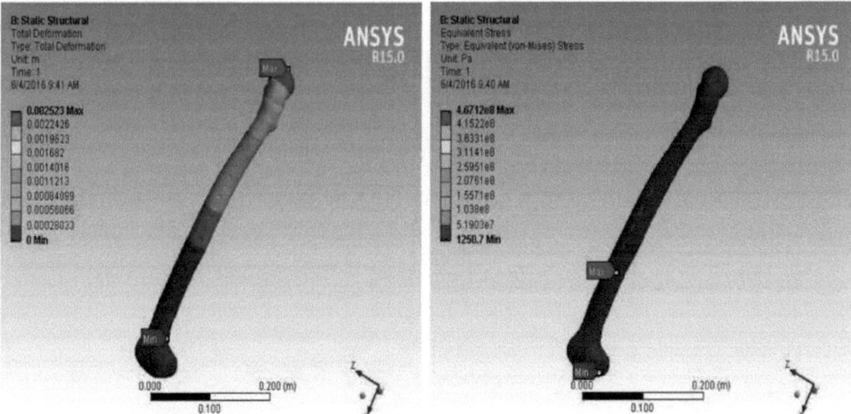

Fig. 5.7. Deformação total e tensão equivalente para AI2O3 em fratura simples

Caso.6: Deformação total e tensão equivalente na haste de um único fémur fracturado fixado por uma placa de nylon.

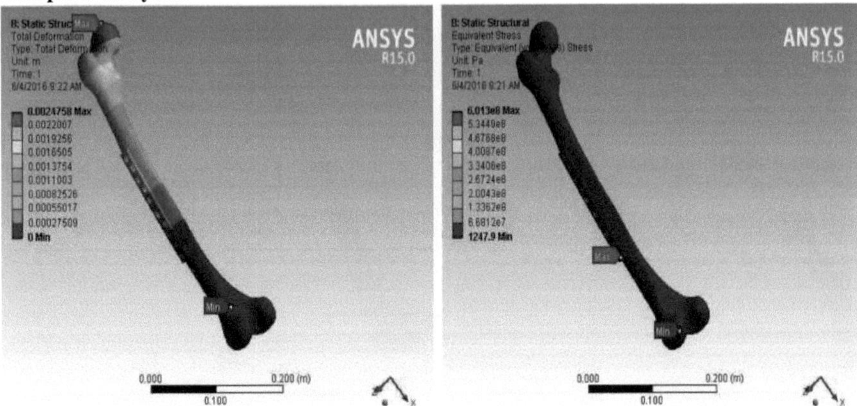

Fig. 5.8. Deformação total e tensão equivalente para o Nylon em fratura simples

5.7 Parâmetros de resultados para osso do fémur fracturado simples para diferentes biomateriais

A Tabela 5.3 mostra que a liga Ti-6A1-4V tem o valor mais baixo de tensão equivalente, deformação e tensões principais em condições de carga semelhantes. Isto prova que, tradicionalmente, a liga Ti-6A1-4V é

TABLE 5.3

PARÂMETROS DE RESULTADO PARA OSSO DO FÉMUR FRACTURADO SIMPLES PARA DIFERENTES **BIOMATERIAIS**

Materials	Total Deformation (mm)	Equivalent Stress (MPa)
Al_2O_3	2.523	467.12
Nylon6/6	2.4758	601.3
SS316L	2.5722	405.71
Ti-6Al-4V	2.6959	332.27

O aço inoxidável é preferido principalmente devido à sua força, sustentabilidade da carga, resistência à corrosão, eficácia em termos de custos e facilidade de fabrico. O aço inoxidável é considerado um substituto adequado da liga Ti-6A1-4V devido ao seu valor inferior de tensão equivalente, deformação e tensão principal.

As discussões com muitos médicos mostraram também que gostariam de optar pela liga Ti-6A1-4V em vez do aço inoxidável. Os restantes materiais têm valores mais elevados para os mesmos parâmetros, pelo que têm menos possibilidades de aplicação.

Os diagramas de contorno mostram que as tensões máximas são observadas nas superfícies dos parafusos, pelo que o Ti-6A1-4V é uma boa opção na combinação de placas protésicas de diferentes metais ou termoplásticos. Os diagramas de contorno também mostram que a distribuição de tensões em toda a superfície da placa e dos parafusos, especialmente a concentração de tensões, aumenta a magnitude das tensões.

A implementação das principais alterações nas caraterísticas de conceção, de preferência na conceção da placa, pode proporcionar a melhor conceção optimizada. A consideração de diferentes combinações do número de parafusos pode ser considerada uma boa opção para a otimização da conceção.

Não é necessário preencher todos os orifícios com parafusos durante a fixação da placa. Finalmente, podemos avaliar o fator de segurança para todos os casos e devemos escolher a melhor solução na combinação de placa e parafusos.

5.8 Comparação da tensão e da deformação para diferentes biomateriais para a variação de carga de 500 N a 2200 N

Da mesma forma, a carga varia entre 500 N e 2200 N para diferentes tipos de biomateriais e a tensão equivalente máxima e a deformação total máxima são calculadas para cada material num intervalo de carga de 100 N. Ao efetuar esta análise, é possível avaliar qual o material que irá falhar com que carga durante o aumento gradual da carga.

De forma semelhante, a deformação total pode ser avaliada e comparada aplicando a carga estática em intervalos de 100 N e avaliando qual o material que se vai deformar ao máximo com que carga. Durante esta análise, a carga mínima deve ser considerada 500 N e a carga máxima deve ser considerada 2200 N, como mostra a TABELA 5.4.

TABLE 5.4

TENSÃO E DEFLEXÃO PARA DIFERENTES BIOMATERIAIS COM CARGAS VARIANDO DE 500 N A 2200 N

LOAD (N)	Alumina Al_2O_3 (ceramic)		Nylon6/6 (polymer)		SS316L (alloy metal)		Ti-6Al-4V (alloy metal)	
	Max. Stress (MPa)	**Max. Deform. (mm)**	**Max. Stress (MPa)**	**Max. Deform. (mm)**	**Max. Stress. (MPa)**	**Max. Deform. (mm)**	**Max. Stress. (MPa)**	**Max. Deform. (mm)**
500	311.41	1.682	601.3	2.475	270.47	1.714	221.51	1.791
600	373.69	2.018	601.3	2.475	324.57	2.057	265.82	2.156
700	435.98	2.354	601.3	2.475	378.66	2.400	310.12	2.516
800	498.26	2.691	641.39	2.640	432.76	2.743	354.42	2.875
900	560.54	3.027	721.56	2.970	486.85	3.086	398.72	3.235
1000	622.82	3.363	820.29	3.182	540.94	3.429	430.03	3.594
1100	685.11	3.700	881.90	3.631	595.05	3.777	487.37	3.954
1200	747.39	4.036	962.08	3.961	649.13	4.115	531.63	4.313
1300	809.67	4.373	1042.3	4.291	730.23	4.458	575.94	4.672
1400	871.95	4.709	1122.4	4.621	757.32	4.801	620.24	5.032
1500	934.23	5.045	1202.6	4.951	811.42	5.144	664.54	5.391
1600	996.52	5.382	1282.8	5.281	865.51	5.487	708.84	5.751
1700	1058.8	5.718	1362.9	5.611	919.61	5.830	753.15	6.110
1800	1121.1	6.055	1443.1	5.941	973.7	6.173	797.45	6.470
1900	1183.4	6.391	1523.3	6.272	1027.8	6.516	841.75	6.829
2000	1245.6	6.727	1603.5	6.660	1081.9	6.859	886.05	7.189
2100	1307.9	7.064	1683.6	6.932	1136	7.202	930.36	7.548
2200	1370.2	7.400	1763.8	7.262	1190.1	7.545	974.66	7.908

5.9 Deformação total e tensão equivalente no osso do fémur com dupla fratura implantado com placa protésica e parafusos

Caso.7: Deformação total e tensão equivalente no osso do fémur com fratura dupla suportado por uma placa SS316L

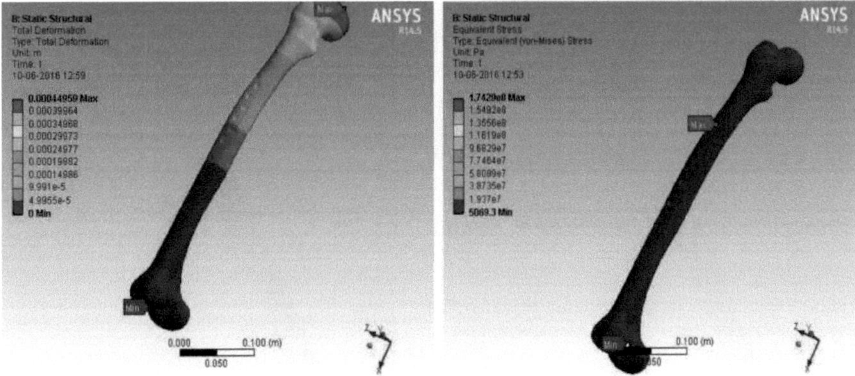

Fig. 5.9. Deformação total e tensão equivalente para SS316L em fratura dupla

Caso.8: Deformação total e tensão equivalente no osso do fémur duplamente fracturado suportado pela placa Ti-6A1-4V

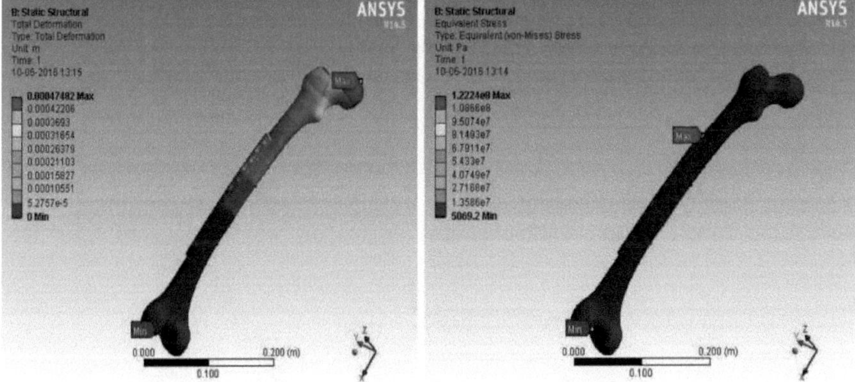

Fig. 5.10. Deformação total e tensão equivalente para o Ti4A16V em fratura dupla

Caso.9: Deformação total e tensão equivalente no osso do fémur com dupla fratura suportado por uma placa de Al2O3

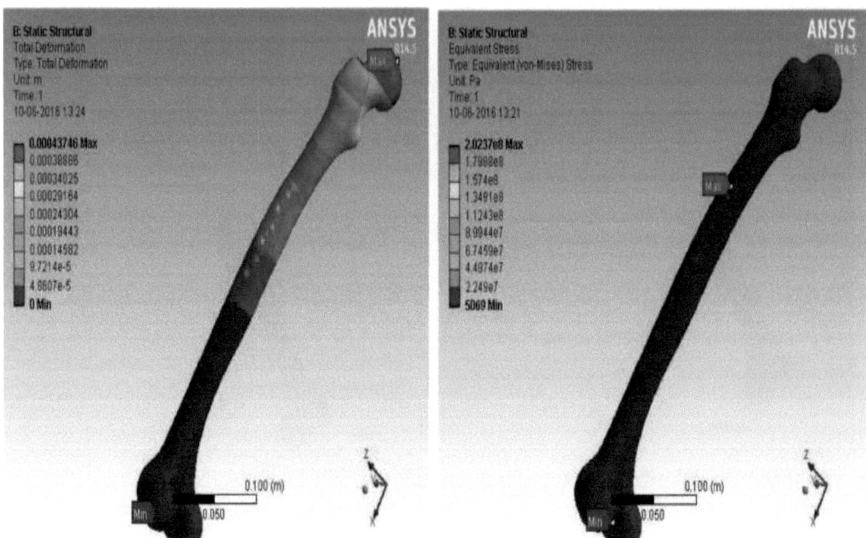

Fig. 5.11. Deformação total e tensão equivalente para Al2O3 em dupla fratura

Caso.10: Deformação total e tensão equivalente no osso do fémur com dupla fratura suportado por uma placa de nylon

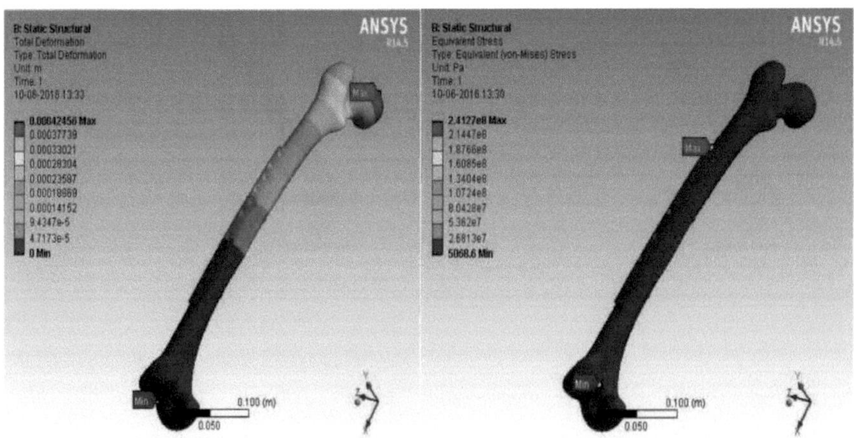

Fig. 5.12. Deformação total e tensão equivalente para o Nylon em fratura dupla

5.10 Comparação da deformação total e da tensão equivalente para o osso do fémur com dupla fratura de 0,5 mm de profundidade.

TABLE 5.5

PARÂMETROS DE RESULTADO PARA OSSO DO FÉMUR COM DUPLA FRACTURA DE DIFERENTES **MATERIAIS DE PLACA**

Materials	**Total Deformation (mm)**	**Equivalent Stress (MPa)**
Al_2O_3	0.443	202.3
Nylon6/6	0.424	241.2
SS316L	0.440	174.2
Ti-6Al-4V	0.470	122.8

O fémur é fracturado em dois locais diferentes no meio da haste; o implante é feito utilizando um comprimento diferente de placa protésica (a espessura e a largura da placa permanecem constantes) com um número diferente (14) de parafusos. Isto deve-se ao facto de, com o aumento da gravidade das fracturas, ser necessário aumentar a resistência do osso do fémur, da placa e da articulação dos parafusos.

A TABELA 5.5 mostra que a liga Ti-6A1-4V tem o valor mais baixo de tensão equivalente, deformação e tensões principais máximas em condições de carga semelhantes. Isto prova que, tradicionalmente, a liga Ti-6A1-4V é preferida devido à sua força, sustentabilidade da carga, resistência à corrosão, economia e facilidade de fabrico.

CAPÍTULO 6

ANÁLISE DE DECISÃO MULTI-CRITÉRIO

6.1 Análise de decisão multi-critério

É o processo de seleção de duas ou mais questões de ação. Entende-se que nem sempre deve ser uma decisão exacta entre as várias escolhas. A análise de decisão com critérios múltiplos contém um número finito de alternativas, conhecidas no início do processo de solução. Na análise de decisão com critérios múltiplos, as alternativas não são conhecidas. Os resultados podem ser obtidos através da resolução de um modelo matemático [V].

6.1.1 Propriedades individuais do material da placa protética

O QUADRO 6.1 mostra a sensibilidade do índice de desempenho simples em relação às suas propriedades constituintes para cinco materiais protéticos de placa diferentes. Pode ver-se que, na primeira coluna, o módulo de elasticidade é máximo para o nylon6/6 e, na segunda coluna, a densidade é mínima para o Ti4AL6V, pelo que ambos os materiais têm as melhores propriedades técnicas iniciais, enquanto o custo da alumina é mínimo, mas o índice de desempenho sugere que o nylon 6/6 é o material mais adequado devido ao valor máximo do índice. Mas, mais uma vez, não podemos sugerir a alumina ou o nylon devido às suas propriedades tóxicas e à sua reação com o corpo humano. Além disso, este método não é adequado para a seleção de qualquer biomaterial de acordo com o valor simples do índice de desempenho através das propriedades técnicas iniciais do material e do seu custo. Por fim, verifica-se que a seleção do material se limita ao aço inoxidável e ao titânio, que é a última tendência aplicável à utilização de placas protésicas para suportar o fémur fracturado.

QUADRO 6.1

RESULTADO DO ÍNDICE DE DESEMPENHO DO MATERIAL SELECCIONADO: ESTADO DA PONDERAÇÃO [C], [K]

Objective Material	Elastic Modulus (E) [Maximum]	Density (ρ) [Minimum]	Cost (C) [Minimum]	$M_i = (E)/(\rho c)$ [Maximum]	Ranking of Objective Material
Alumina Al_2O_3	240	8500	45	62.74	2
Nylon6/6	300	3720	110	73.31	1
SS316L	193	7750	250	9.96	3
Ti-6Al-4V	120	4500	2000	1.33	4

Índice de desempenho = E/ (ρ x C)..(1)

Onde p = densidade do material (kg/m),

E = Módulo de Young (MPa),

C = custo do material (Rs/kg)

1. Alumina [Mi] = $(E_{AI}) / (\rho_{AI} X C)_{AI}$

= 240/(8500 x 45)

= $6{,}274x1 O^{-4}$ .... (2)

2. Nylon [M2] = $(E_{NI}) / (P_{NI} X C)_{NI}$

= 300/(3720 x 110)

= $7{,}33x1 O^{-4}$ .... (3)

3. SS316L $[M_3] = (E_{ss}) / (\rho_{ss} x C)_{ss}$

= 193 /(7750x250)

= $99{,}61xl0^{-4}$ .... (4)

4. Ti-6A1-4V [M4] = $(E_{TiAi}) / (\rho_{TiAi} x C)_{TiAi}$

=120 / (4500 x 2000) =$13{,}33xl0^{-4}$ .... (5)

6.1.2 Índices obtidos pela combinação das propriedades individuais do material da placa protética

Além disso, os índices de desempenho podem ser afectados pela formulação matemática utilizada. O QUADRO 6.2 compara um índice de desempenho baseado no rácio simples com um índice baseado na subtração.

É evidente que, comparando a tensão e a resistência à tração de cinco biomateriais diferentes, a tensão de Von-mises é máxima no nylon e mínima na liga de titânio à carga aplicada de 750 N em comparação com os outros materiais.

No processo inicial de cicatrização, a tensão deve ser mínima e a resistência à tração máxima da liga de titânio, que é o material mais preferido nas tendências recentes.

O valor máximo do rácio (B/A) e o valor da diferença (B-A) fazem com que a liga de titânio seja o material mais adequado para a placa protésica.

Por outro lado, a alumina é o pior material para selecionar o mesmo para suportar o osso do fémur.

QUADRO 6.2

EFEITO DA FÓRMULA DO ÍNDICE DE DESEMPENHO NA CLASSIFICAÇÃO DO MATERIAL ATRAVÉS DA COMBINAÇÃO DAS PROPRIEDADES INDIVIDUAIS DO MATERIAL DA PLACA PROTÉTICA

Objective Material	Maximum Von-mises Stress (MPa) (A)	Tensile Strength (MPa) (B)	(B/A)	(B – A)	Ranking of Objective Material
Alumina Al_2O_3	467.12	290	0.6208	-177.12	5
Nylon6/6	601.3	195	0.324	-406.3	4
SS316L	405.71	485	1.1954	79.29	2
Ti-6Al-4V	332.27	993	2.9885	660.73	1

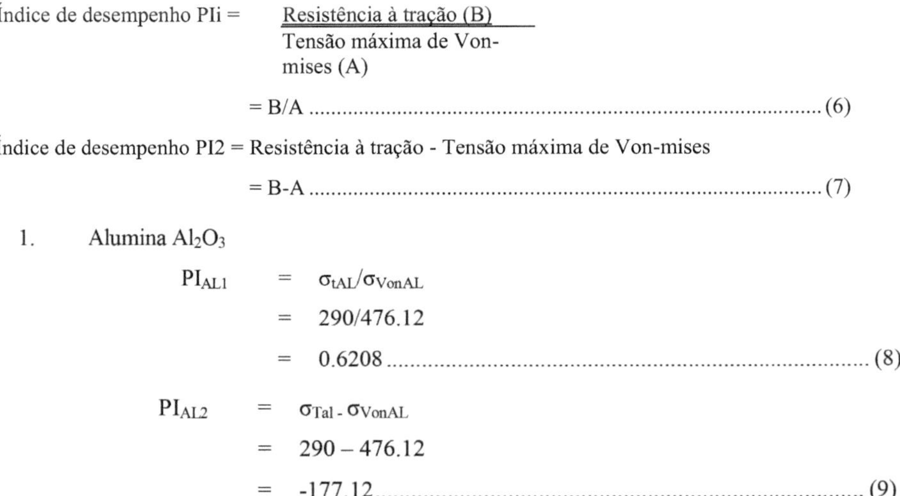

Índice de desempenho PIi = $\frac{\text{Resistência à tração (B)}}{\text{Tensão máxima de Von-mises (A)}}$

= B/A .... (6)

Índice de desempenho PI2 = Resistência à tração - Tensão máxima de Von-mises

= B-A .... (7)

1. Alumina Al_2O_3

PI_{AL1} = $\sigma_{tAL}/\sigma_{VonAL}$

= 290/476.12

= 0.6208 .... (8)

PI_{AL2} = $\sigma_{Tal} - \sigma_{VonAL}$

= 290 – 476.12

= -177.12 .... (9)

2. Nylon6/6 (polymer)

$PI_{NL1} = \sigma_{tNL} / \sigma_{VonNL}$

$= 195/601.3$

$= 0.6208$ .... (10)

$PI_{NL2} = \sigma_{tNL} - \sigma_{VonNL}$

$= 195 - 601.3$

$= -406.3$ .... (11)

3. SS316L $PI_{SS1} = \sigma_{tSS} / \sigma_{VonSS}$

$= 485/405.71$

$= 1.195$ .... (12)

$PI_{SS2} = \sigma_{tSS} - \sigma_{VonSS}$

$= 485\text{-}405.71$

$= 79.29$ .... (13)

4. Ti-6Al-4V

$PI_{TiAL1} = \sigma_{tTiAL} / \sigma_{VonTiAL}$

$= 993/332.27$

$= 2.98$ .... (14)

$PI_{TiAL2} = \sigma_{tTiAL} - \sigma_{VonTiAL}$

$= 993 - 332.27 = 660.63$ .... (15)

6. 1.3 Índices obtidos pela combinação das propriedades do material da placa protética e da geometria

Para conceber a placa protésica, as propriedades seguintes são cruciais, como a tensão máxima, a resistência à tração, a resistência à fratura e a densidade. O custo é considerado a partir do sítio Web do India Mart, que varia periodicamente. Os índices de desempenho dos materiais Mi, M2 e M3, que combinam as propriedades dos materiais do QUADRO 6.3, são apresentados no QUADRO 6.4, juntamente com o custo, por uma questão de conveniência. Os índices de desempenho têm unidades diferentes e permitem uma comparação direta. Cada índice de desempenho foi normalizado expressando o seu valor em relação ao seu maior valor. A última coluna combina o desempenho relativo ponderado como uma classificação global para cada material. A fórmula da classificação global atribuiu pesos diferentes aos índices de desempenho relativo e foi colocada numa folha para verificar a sensibilidade do resultado. Se compararmos a classificação global na última coluna, a liga de titânio tornou-se o material mais adequado em comparação com outros materiais, tendo em conta a resistência e o custo. Observa-se também que os índices individuais são diferentes consoante os diferentes índices de desempenho.

QUADRO.6.3

PROPRIEDADES FÍSICAS E RESULTANTES COM O CUSTO DO MATERIAL UTILIZADO NA PLACA PROTÉTICA DO FÉMUR FRACTURADO

Objective Material	**Maximum Von-mises Stress (MPa)**	**Tensile Strength (MPa)**	**Fracture Toughness K_{IC} (MPa)**	**Density (ρ) kg/cm^3**	**Cost (C) Rs/kg**
Alumina Al_2O_3	467.12	290	35	8500	45
Nylon6/6	601.3	195	58	3720	110
SS316L	405.71	485	98	7750	250
Ti-6Al-4V	332.27	993	62	4500	2000

Classificação global absoluta do material = M

$= [4M_1+2M_2+3M_3 + (1\text{-}C)]/10$ .... (16)

Em que M1 = relação entre a tensão de Von-mises e a densidade do material

$= \sigma_v/\rho$ .... (17)

M_2 = relação entre[A] 1/3 módulo jovem e a densidade do material

$= (E)^{1/3} / \rho$ .... (18)

M_3 = quadrado da razão entre o fator de intensidade de tensão e a tensão de Von mises do material

$= [K_{IC} / \sigma_v]^2$ .... (19)

C = cost of the material Rs per kg .... (20)

Classificação geral para

1. Alumina Al_2O_3

   $M_{AL} = [4 \text{ x } (\sigma_{vAL}/\rho_{AL}) +2 \text{ x } (E_{AL}{}^{1/3} /\rho_{AL})+3\text{x}(K_{ICAL}/\sigma_{Val})^2 +(1\text{-}C_{AL})]/10$ .... (21)

   $= [4 \text{ x } (467.12/8.50) +2 \text{ x } (240^{1/3}/8.50) +3 \text{ x } (35/467.12)^2 + (1\text{-}0.69)]/10 = 22.15$. (22)

2. Nylon6/6

   $M_{NL}= [4\text{x}(\sigma_{vNL}/\rho_{NL})+2\text{x}(E_{NL}{}^{1/3} /\rho_{NL})+3\text{x}(K_{ICNL}/\sigma_{Vnl})^2 +(1\text{-}C_{NL})]/10$ .... (23)

   $= [4\text{x}(601.3/3.72)+2\text{x}(300^{1/3}/3.72)+3\text{x}(58/601.3)^2+(1\text{-}1.69)]/10=24.99$ .... (24)

3. SS316L

   $M_{SS}= [4\text{x}(\sigma_{vSS}/\rho_{SS})+2\text{x}(E_{SS}{}^{1/3} /\rho_{SS})+3\text{x}(K_{ICSS}/\sigma_{Vss})^2 +(1\text{-}C_{SS})]/10$ .... (25)

   $= [4 \text{ x } (405.71/7.75)+2\text{x}(193^{1/3}/7.75)+3\text{x}(98/405.71)^2 +(1\text{-}3.84)]/10 = 20.81$ .... (26)

4. Ti-6Al-4V

   $M_{Ti} = [4\text{x}(\sigma_{vTi}/\rho_{Ti})+2\text{x}(E_{Ti}{}^{1/3} /\rho_{Ti})+3\text{x}(K_{ICTi}/\sigma_{Vti})^2 +(1\text{-}C_{Ti})]/10$ .... (27)

   $= [4\text{x}(332.27/4.5)+2\text{x}(120^{1/3}/4.5)+3\text{x}(62/332.27)^2+(1\text{-}30.76)]/10=26.78$ .... (28)

QUADRO 6.4

CLASSIFICAÇÃO GLOBAL DOS DIFERENTES MATERIAIS

Objective Material	**M_1 (σ/ρ)**	**M_2 $(E)^{1/3}/\rho$**	**M_3 $(K_{IC}/\sigma)^2$**	**C (Rs/kg)**	**Overall Rating M= [4M1+2M2+3M3+ (1-C)]/10**
Alumina Al_2O_3	5495.52	76.41	0.0056	45	2213.49168
Nylon6/6	16,163.97	153.168	0.0093	110	2485.32439
SS316L	5234.96	93.628	0.0583	250	2087.82709
Ti-6Al-4V	7383.77	150.966	0.0348	2000	2783.81164

Os resultados da MCDA não devem ser tomados como uma decisão final, mas o modelo MCDA deve ser utilizado para explorar a incerteza no problema de decisão. Neste trabalho, pretende-se aplicar as várias metodologias MCDA para obter o biomaterial mais adequado para a placa protésica, utilizando vários critérios relativos às propriedades do material, às tensões resultantes e ao custo. Observa-se que, entre as três técnicas utilizadas, o SS316L e o Ti6AL4V seriam recomendados tendo em conta a necessidade de maior resistência em vez da consideração do custo. Por outro lado, quando apenas a resistência é o principal critério, o Ti6A14V seria recomendado em vez do SS316L, negligenciando a consideração dos custos no sector automóvel [5], aeronáutico e na implantação de ossos humanos fracturados. No caso do custo do material e do critério de disponibilidade, o Ti4A16V poderia ser a primeira escolha do utilizador. A MCDA é a prova adequada antes de tomar a sua decisão final.

CAPÍTULO 7

ANÁLISE DE RESULTADOS

7.1 Parâmetros de resultados do osso do fémur sem implante com fratura e sem fratura

A partir do Capítulo 5, o QUADRO 5.1 mostra que a deformação máxima é maior no osso do fémur com fratura dupla do que a deformação máxima no osso do fémur sem fratura. A deformação máxima no osso do fémur com uma única fratura é superior à deformação máxima no fémur sem fratura. Isto significa que a gravidade da deformação total aumenta na presença de fratura. Observa-se que a tensão equivalente no osso do fémur com uma única fratura é superior à do fémur sem fratura. Também a tensão equivalente na fratura dupla é superior à do fémur sem fratura. Isto significa que a gravidade da tensão equivalente no osso do fémur fracturado é superior à do fémur sem fratura. Observa-se também que a deformação total aumenta ligeiramente no osso com dupla fratura em relação ao osso com fratura simples.

7.2 Comparação da deformação total e da tensão equivalente para o osso do fémur com uma única fratura de 0,5 mm de profundidade.

A Fig. 7.1. mostra a variação da deformação máxima e da tensão equivalente para quatro materiais de placa diferentes e a comparação é feita entre as fracturas simples e duplas.

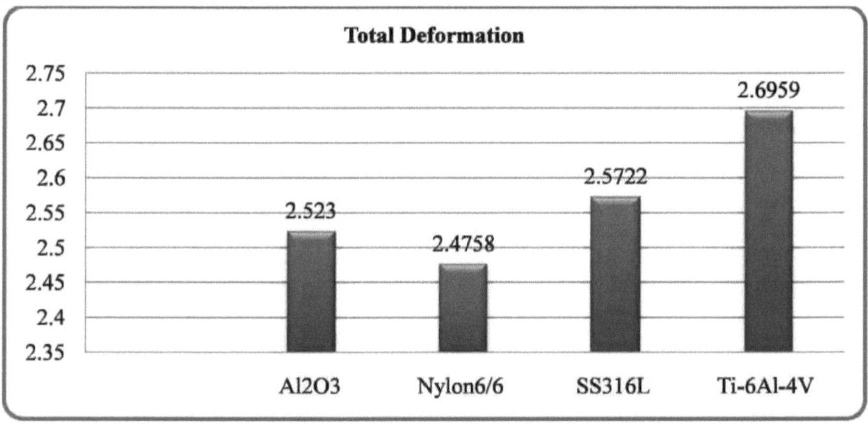

Fig. 7.1. Deformação total no osso do fémur fracturado simples para diferentes biomateriais

Fig. 7.1. mostra o gráfico entre as deformações totais em diferentes biomateriais do peso do corpo humano de 750 N. Detecta-se que a deformação é zero na extremidade inferior do osso do fémur e observa-se uma deformação máxima de 2,6959 mm que ocorre na cabeça do osso do fémur. A deformação total varia de acordo com a teoria da viga em consola, em que se assume que a parte inferior do fémur está fixa e a parte superior da cabeça do fémur está livre e a carga é aplicada na parte superior da cabeça do fémur.

Fig. 7.2. mostra a curva gerada entre as tensões equivalentes em diferentes biomateriais sem fratura para o peso do corpo humano de 750 N. Pode ver-se que o Ti4A16V tem o valor mais baixo de 332,27 MPa de tensão equivalente e o valor mais alto de 601,3 MPa de tensão equivalente na placa de nylon no bordo do último orifício perto da extremidade inferior do osso do fémur. O valor máximo da tensão equivalente é observado como 16,17 MPa no eixo médio do osso do fémur. Devido a este facto, existe a possibilidade de falha ou fratura no eixo médio do corpo do fémur. Por conseguinte, recomenda-se a implantação da placa protésica no eixo médio do osso do fémur.

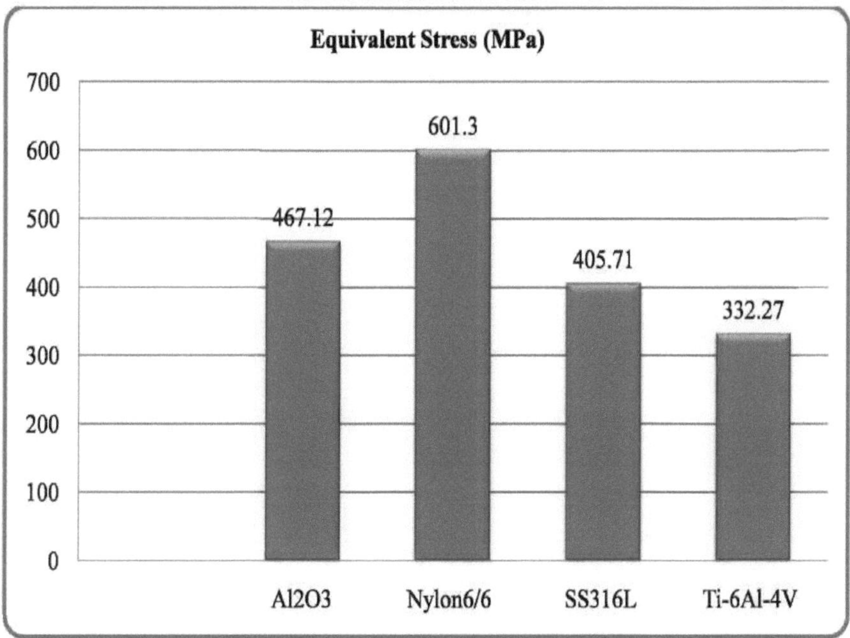

Fig. 7.2. Tensões máximas equivalentes no osso do fémur fracturado para diferentes biomateriais

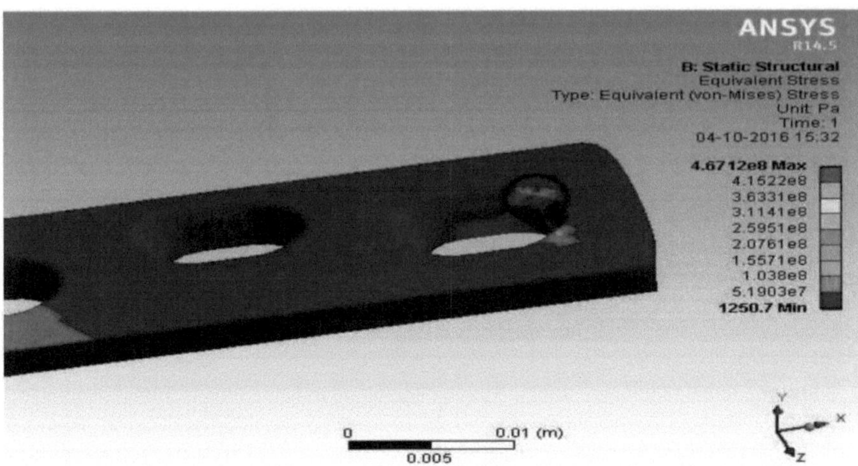

Fig. 7.3. Tensão máxima de Von-mises na borda do furo para Al2O3 com fratura simples

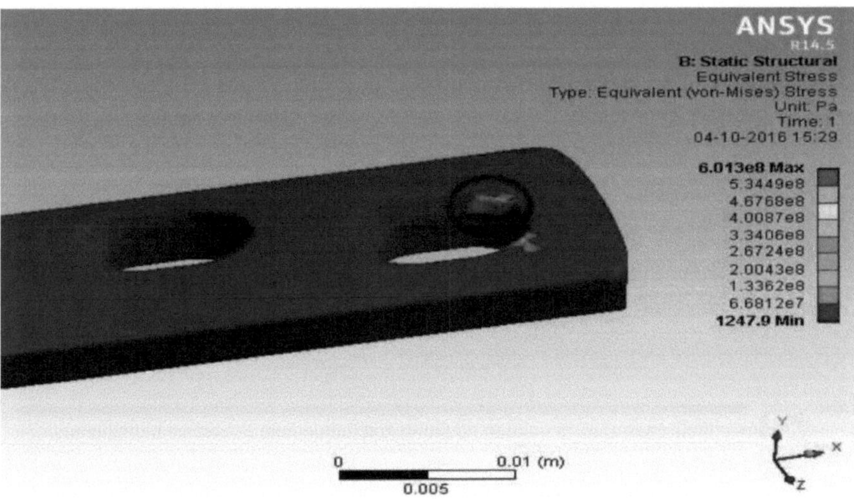

Fig. 7.4. Tensão máxima de Von-mises no bordo do furo para Nylon com fratura simples

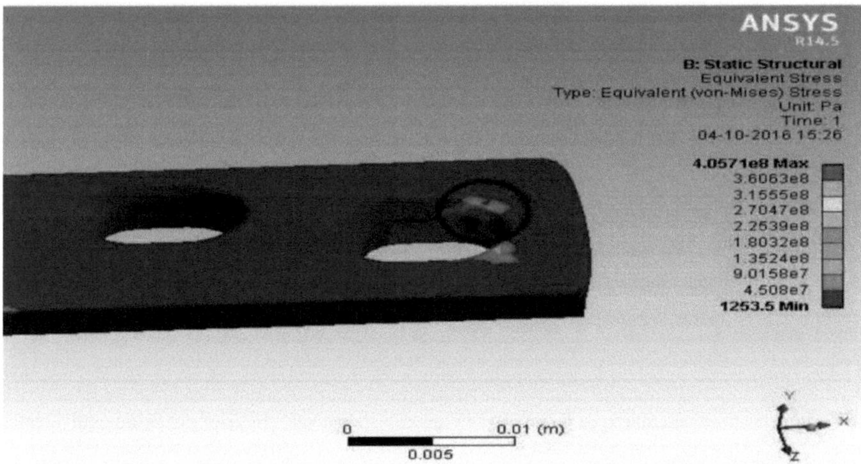

Fig. 7.5. Tensão máxima de Von-mises no bordo do furo para SS316L com fratura simples

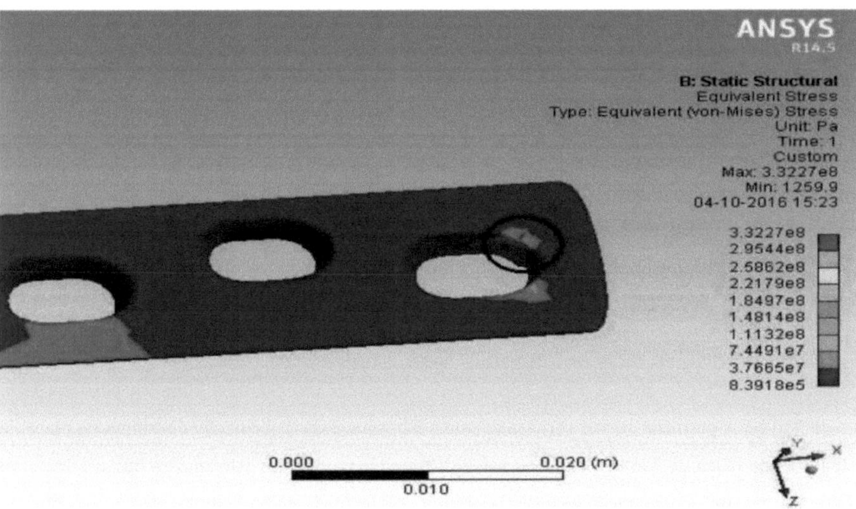

Fig. 7.6. Tensão máxima de Von-mises no bordo do furo para Ti4A16V com fratura simples

Devido a isto, existe a possibilidade de falha ou fratura do osso do fémur no eixo central. Observa-se no Capítulo 5, QUADRO 5.4, que quando a carga é aumentada gradualmente de 500 N para 2500 N na cabeça do fémur, a alumina e o nylon falham com uma carga inferior a 500 N. Por outro lado, de acordo com a resistência à tração final da SS316L, falham a 800 N. Isto prova que o Ti4A16V é um material melhor do que a SS316L. O material mais resistente, de acordo com o estudo, é o Ti4A16V, que pode suportar uma carga estática de 2100 N, de acordo com a sua resistência à tração final. Da mesma forma, durante a cicatrização do fémur fracturado a meio do eixo, seria necessário que o material fosse menos rígido, de modo a suportar a deformação máxima antes da falha do material em condições de carga estática.

Observa-se no Capítulo 5, TABELA 5.4, que a alumina e o nylon são materiais menos flexíveis e apresentam deflexões máximas de 1,682 mm e 2,475 mm, respetivamente, devido ao valor inferior da sua resistência à tração final. Agora, o SS316L é mais rígido do que o Ti4A16V porque o SS316L sofre uma deflexão de 2,475 mm antes da rotura. O Ti4A16V tem uma deformação máxima de 7,548 mm, com a rigidez mais baixa e o material mais flexível durante a cicatrização do osso. A liga de titânio é o material mais adequado para a placa óssea protésica de acordo com a resistência e a flexibilidade.

A SS316L é um substituto adequado da liga Ti6A14V devido ao seu valor inferior de tensão equivalente, deformação e tensão principal máxima.

As discussões com muitos médicos mostraram que gostariam de optar pela liga Ti6A14V em vez da SS316L, como se mostra na Fig. 7.5. Os restantes materiais têm valores mais elevados para os mesmos parâmetros e, por conseguinte, mostraram menos possibilidades de aplicação no terreno. Os diagramas de contorno mostram que a tensão máxima é observada na borda das superfícies dos furos na placa Ti6A14V, como mostra a Fig. 7.6. Mostram também que a distribuição de tensões em toda a superfície da placa e dos parafusos, especialmente a concentração de tensões, aumenta a magnitude das tensões. As diferentes combinações do número de parafusos podem ser consideradas como uma boa opção para a otimização do projeto. Não é necessário fixar todos os orifícios com parafusos durante a fixação da placa com a ajuda de parafusos.

Fig. 7.7. mostra que a deformação é mínima a partir da extremidade inferior do fémur e varia até ao máximo na cabeça do fémur para a placa protésica de diferentes biomateriais com um peso corporal constante de 750 N. A partir da curva, verifica-se que a magnitude da deformação é mínima na placa de nylon e máxima na placa de Ti6A14V, o que satisfaz a tendência recente. Isto mostra que um material mais resistente tem uma deformação mais baixa numa condição de carga semelhante. A deformação global é muito baixa, pelo que não provoca qualquer falha na estrutura.

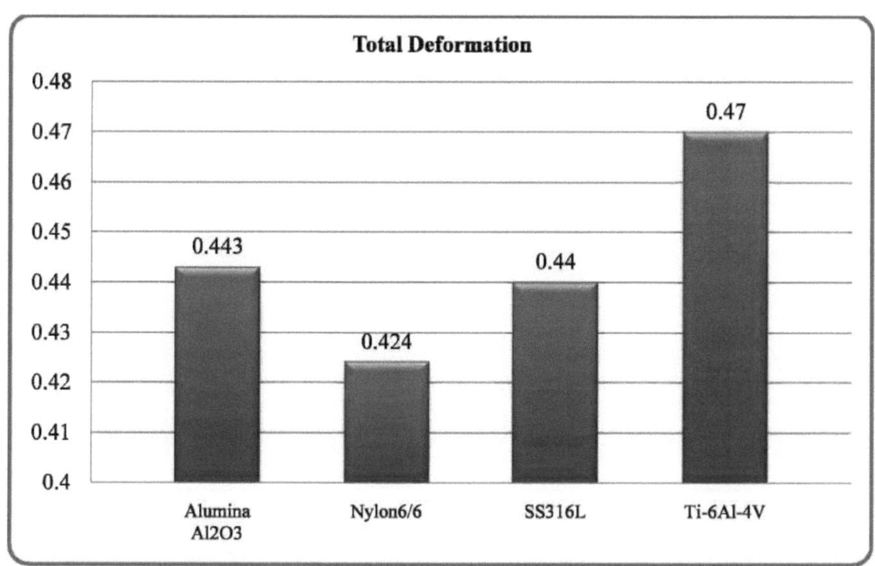

Fig. 7.7. Deformação total que actua no osso do fémur duplamente fracturado para placa protésica de diferentes biomateriais

Fig. 7.8. mostra a curva da tensão máxima equivalente que actua na cabeça óssea do fémur fracturado para placas protésicas de diferentes biomateriais. As curvas mostram que a tensão é mínima a partir da extremidade inferior e superior do fémur e máxima na área de contacto do parafuso e da placa protésica de diferentes biomateriais com um peso corporal constante de 750 N. A partir da curva, verifica-se que a magnitude da tensão equivalente é mínima na placa de Ti6A14V e máxima na placa de nylon, o que satisfaz a tendência recente.

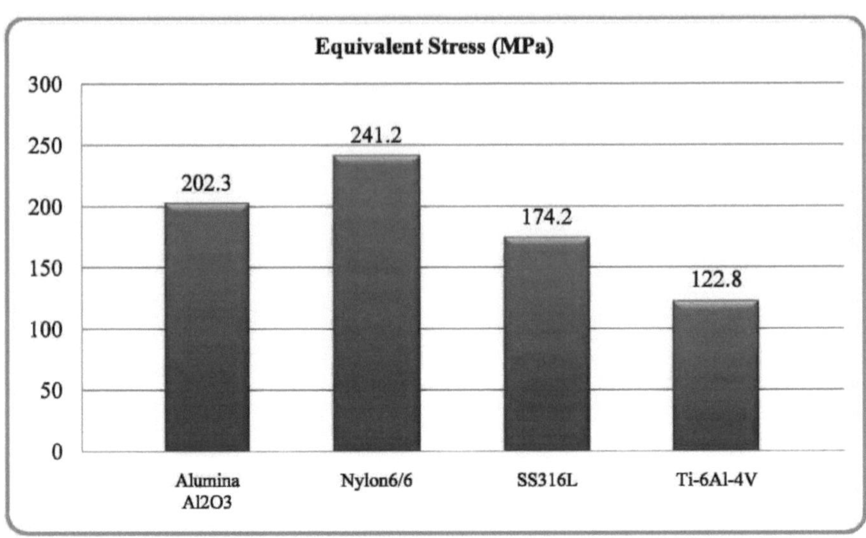

Fig. 7.8. Tensão máxima equivalente que actua no osso do fémur duplamente fracturado para placas protésicas de diferentes biomateriais

Isto mostra que um material mais resistente tem uma tensão mais baixa em condições de carga semelhantes. O valor mais baixo da tensão mostra que a placa e o parafuso executarão o seu trabalho de suporte do fémur de forma eficaz.

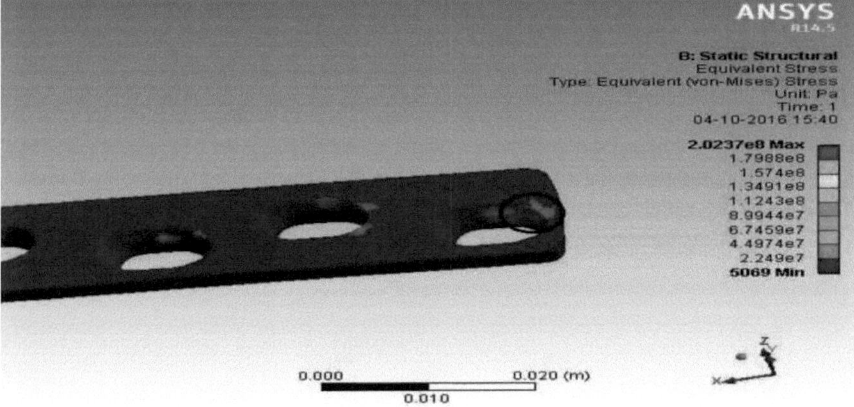

Fig. 7.9. Tensão máxima de Von-mises no bordo do furo para AI2O3 com dupla fratura

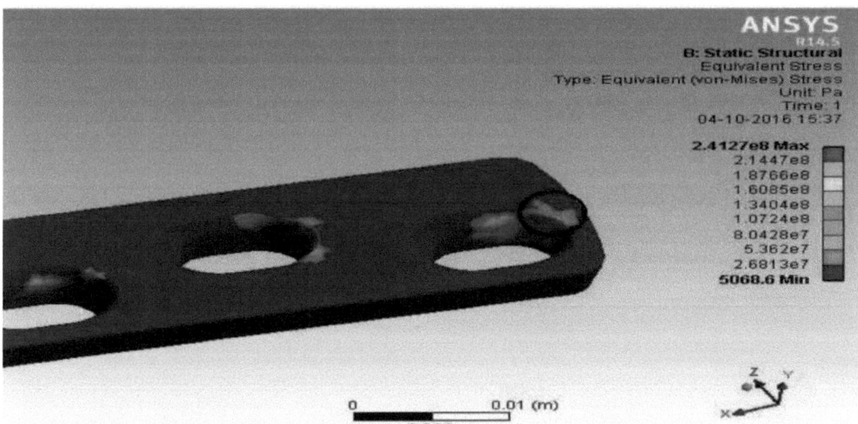

Fig. 7.10. Tensão máxima de Von-mises no bordo do furo para Nylon com dupla fratura

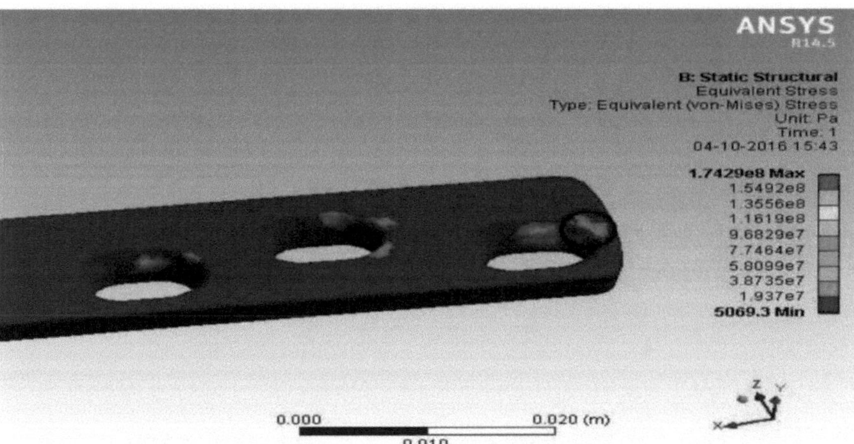

Fig. 7.11. Tensão máxima de Von-mises no bordo do furo para SS316L com dupla fratura

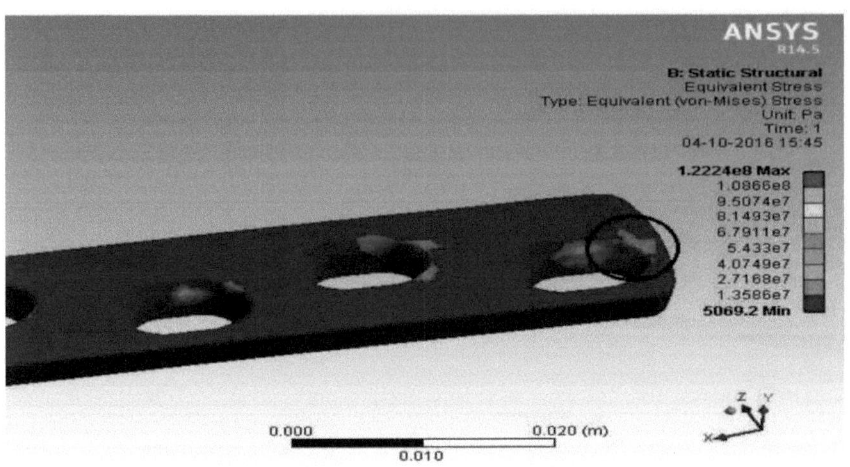

Fig. 7.12. Tensão máxima de Von-mises no bordo do furo para Ti4A16V com dupla fratura

7.3 Comparação da deformação total e da tensão equivalente no fémur sem fratura, com fratura, fratura simples e dupla com placa e parafusos em diferentes biomateriais

O primeiro segmento do QUADRO 7.1 mostra que o osso do fémur sem fratura tem uma deformação mínima em relação ao implante ósseo do fémur com fratura simples e dupla com fixação por placa protética e parafusos. O osso do fémur com fratura simples apresenta uma deformação máxima sem qualquer apoio.

TABLE 7.1

DEFORMAÇÃO TOTAL E TENSÃO EQUIVALENTE EM DIFERENTES BIOMATERIAIS COM FRACTURA, SEM FRACTURA, FRACTURA SIMPLES E DUPLA COM PLACA E PARAFUSOS

Result Parameters	**Total Deformation (mm)**				**Equivalent Stress (MPa)**			
Bio-materials	**Femur bone without fracture**	**Femur bone with single fracture**	**Single fractured femur bone with plate and screws fixation**	**Double fractured femur bone with plate and screws fixation**	**Femur bone without fracture**	**Femur bone with single fracture**	**Single fractured femur bone with plate and screws fixation**	**Double fractured femur bone with plate and screws fixation**
Al_2O_3	0.34832	32.8	2.523	0.443	16.178	23.216	467.12	202.3
Nylon6/6			2.4758	0.466			601.3	241.2
SS316L			2.5722	0.440			405.71	174.2
Ti-6Al-4V			2.6959	0.474			332.27	122.8

A deformação é máxima no osso do fémur com fratura simples em relação ao osso do fémur com fratura dupla. Isto significa que, após a implantação da placa no osso do fémur, o movimento máximo é efectuado pela placa suportada e o movimento mínimo é transferido para o osso do fémur. Esta é a condição essencial para a cicatrização inicial. O segundo segmento mostra que a tensão equivalente é mínima no osso do fémur sem fratura e máxima no osso do fémur com fratura simples com placa protésica de nylon e parafusos. Observa-se também que, após a implantação, a tensão máxima é distribuída pela placa e pelos parafusos, pelo que o osso do fémur apresenta uma tensão mínima. Esta é a condição essencial para a cicatrização inicial.

7.4 Comparação de diferentes biomateriais com base na rigidez, na energia de deformação de cisalhamento e no fator de segurança

Observa-se na TABELA 7.2 que o Ti4A16V tem a rigidez mais baixa em relação ao biomaterial SS316L. Esta é a condição essencial necessária durante o processo de cicatrização inicial, porque na fase inicial a deformação é maior e menor na SS316L, e também o Ti4A16V é o biomaterial mais adequado devido à deslocação máxima que ocorre quando é aplicada uma carga constante.

TABLE 7.2

ANÁLISE DE RESULTADOS DE BIOMATERIAIS COM BASE NA RIGIDEZ, **ENERGIA** DE DEFORMAÇÃO DE CORTE **E FACTOR DE SEGURANÇA**

S. No	Description of Evaluation	Stiffness $F/\delta = AE/L$ (N/mm)	Shear Stain Energy Theory $(\sigma_e) < (\sigma_{ultc})$	Factor of Safety FOS = $\frac{\sigma_{ultc}}{(\sigma_e)}$
1.	Femur bone with no fracture	1937.98	16.5<128	7.75
2.	Femur bone fixation with SS 316L plate and screws	291.59	451 < 570	1.40
3.	Femur bone fixation with Ti4Al6V plate and screws	278.20	332.27<993	2.98

Toda a carga é suportada pela placa protésica na fase inicial. Do mesmo modo, em comparação com a teoria da energia de deformação, o Ti4A16V é o material mais adequado, uma vez que pode armazenar o máximo de energia de acordo com o ponto de vista da resistência. O Ti4A16V tem menos tensão de Von mises em relação à sua resistência à tração final do que os biomateriais SS316L. Por conseguinte, o Ti4A16V apresenta o maior fator de segurança em relação a outros materiais, do ponto de vista da resistência.

7.5 Comparação de diferentes técnicas de análise de decisão multi-critério

Em diferentes técnicas de análise de decisão com critérios múltiplos, os resultados são maioritariamente favoráveis para a validação analítica de ambas as técnicas. Atualmente, os resultados não são muito favoráveis no primeiro método de propriedades individuais do material em MCDA para vários materiais.

Ao considerar as propriedades do material de entrada e as tensões resultantes na combinação de diferentes placas protésicas, mostra-se que o Ti4A16V é o material mais adequado para a placa protésica. No terceiro critério de MCDA, ao considerar as propriedades do material, as tensões e deformações resultantes e o custo no método de classificação geral, mostra-se novamente que o Ti4A16V é o material mais provável para o material da placa protética. Também se afirma que, se apenas for considerado o custo por unidade de resistência à tração ou à compressão de um material individual para a placa protésica, o Ti4A16V é o material mais improvável para a placa protésica, mas o critério será alterado se forem considerados vários critérios numa única análise, como se mostra na Fig. 7.13.

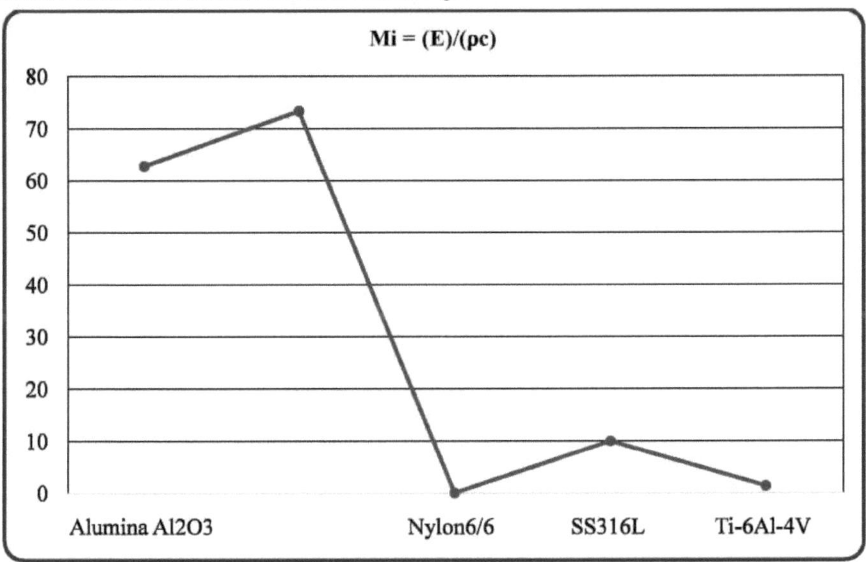

Fig. 7.13. Índice de desempenho das propriedades físicas individuais do material

Na segunda técnica de MCDA, o Ti4A16V obteve a primeira posição e o SS316L a segunda, avaliando o índice de desempenho, dividindo e subtraindo a resistência inicial à tração e a resistência resultante de Von-mises.

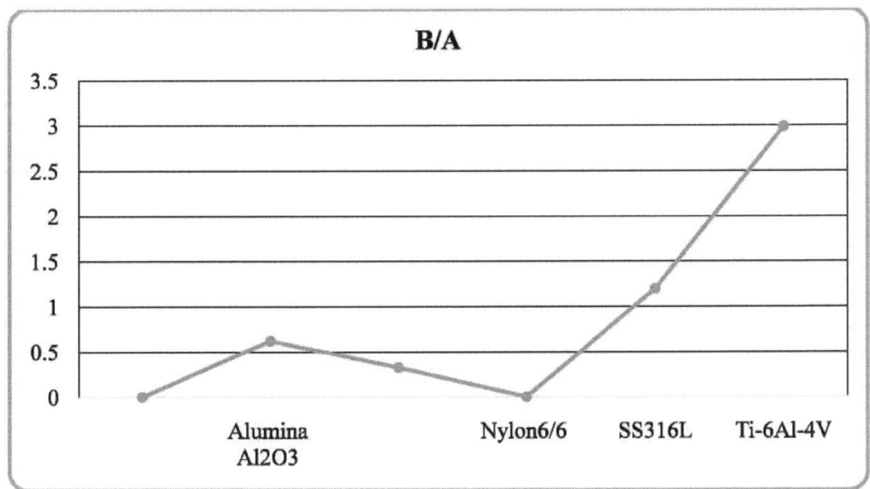

Fig. 7.14. Índice de desempenho (B/A) de cada material

Observa-se a partir da primeira técnica, como indicado na Fig. 7. 14. e Fig. 7. 15. que o Ti4A16V ocupa o primeiro lugar e o SS316L o segundo, considerando apenas as propriedades individuais do material.

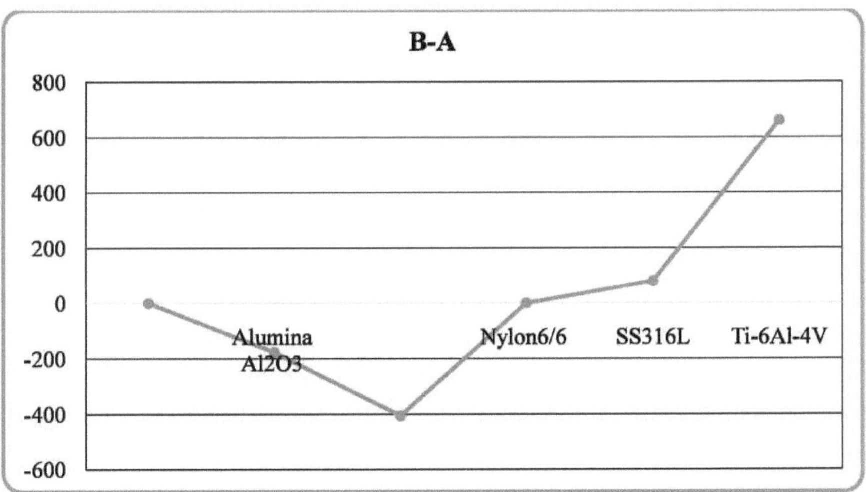

Fig. 7.15. Índice de desempenho (B-A) de cada material

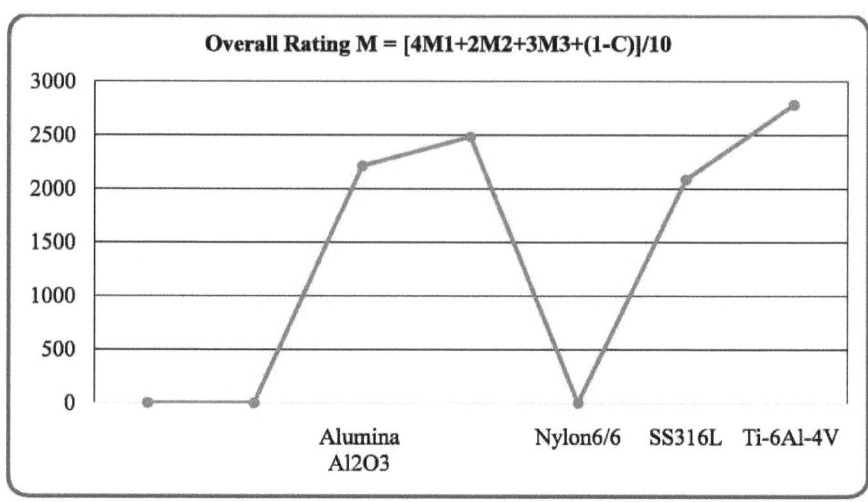

Fig. 7.16. Índice de desempenho global do material individual

No terceiro critério, como mostra a Fig. 7.16, o Ti4A16V obteve a primeira classificação geral, seguido do Nylon6/6, que ficou em segundo lugar, considerando as propriedades geométricas individuais, o critério de resistência e o custo para calcular as classificações gerais de cada material.

7.6 Comparação do resultado do desempenho do ANSYS e dos parâmetros do método de análise de decisão multi-critério

A comparação entre os dados dos resultados do software ANSYS e os resultados da análise de decisão multicritério permite concluir que o método da MCDA relativo às propriedades individuais dos materiais não é compatível com os parâmetros de desempenho avaliados pelo método de análise de elementos finitos do software. Mas, a partir do método secundário e do terceiro método, considerámos a combinação das propriedades dos materiais e das tensões e deformações resultantes com o custo adequado de diferentes biomateriais no método dos índices de classificação global, pelo que estes dois critérios da MCDA apoiam os resultados da análise de elementos finitos. Conclui-se que o TiA14V é o material primário adequado e o SS316L é o material secundário adequado para a placa protésica, segundo ambos os métodos.

CAPÍTULO 8

CONCLUSÃO E ÂMBITO FUTURO

8.1 Conclusão

Neste trabalho, a geometria do osso do fémur com placa e parafusos é modelada e a malha é gerada com sucesso. O MEF é aplicado para resolver a estrutura em condições de carga estática semelhantes, com o objetivo de mostrar o material mais adequado para a placa protésica para fémures com uma ou duas fracturas. O primeiro objetivo é identificar a localização das tensões máximas e mínimas no osso cortical do fémur sem fratura com uma carga estática de 750N. O estudo revelou o local em que o fémur pode falhar. O segundo objetivo é fazer uma análise estrutural estática do fémur fracturado no meio da diáfise do fémur e apoiado por uma placa protésica, variando a carga estática de 500N a 2500N. O terceiro objetivo é verificar a curva caraterística do osso do fémur fracturado para determinar o material mais adequado para o osso do fémur fracturado simples e duplo. O quarto objetivo é o estudo comparativo do material semelhante selecionado para a posição de fratura simples e dupla. O quinto objetivo é observar o material tradicionalmente substituível, nomeadamente o Ti4A16V, com boas propriedades físicas, mecânicas e químicas. Além disso, a FEA é aplicada para a análise estrutural do osso do fémur fracturado com placa protésica e parafusos. A análise estrutural do osso do fémur fracturado é feita aplicando uma carga estática na cabeça do fémur. Com base nas previsões do modelo do MEF e da análise FEA, são tiradas as seguintes conclusões:

- O Ti4A16V é selecionado como o melhor material adequado em vez do SS316L devido à sua resistência máxima à tração, tensão mínima e maior deformação. Mas também o SS316L é o segundo material mais preferível em comparação com a alumina e o nylon devido à sua baixa resistência à tração e ao elevado fator de segurança.

- Também se observa que a tensão máxima é suportada pela área de contacto do parafuso n.º 8 na extremidade inferior da placa de implante. A carga é transferida através da metade superior do osso do fémur para a placa de implante. Isto deve-se ao facto de o osso do fémur fracturado entrar em contacto com tensões mínimas. É um requisito essencial para a remodelação do osso fracturado que, na fase inicial de cicatrização I de 3-4 meses, a carga estática suportada pelo osso do fémur seja mínima e a carga máxima seja suportada pela placa de suporte e pelos parafusos.

-A partir de todos os diagramas de contorno, é evidente que ocorre uma menor deformação na cabeça do fémur, o que não danifica a estrutura óssea do fémur. Existe apenas uma ligeira variação entre a fratura simples e a dupla fratura na deformação total e na tensão equivalente que actua no conjunto ósseo do fémur, respetivamente. Em ambos os casos, a estrutura é segura para utilização.

-Na técnica MCDA, a classificação do desempenho global mostra que o Ti6A14V é o melhor material adequado em comparação com o SS316L para a placa protésica com base nas propriedades físicas do material, nas tensões resultantes e nas deformações totais, bem como no custo.

Observa-se que, quando a carga é aumentada gradualmente de 500 N para 2500 N na cabeça do osso do fémur, a alumina e o nylon não são capazes de suportar a carga de 500 N e não são adequados para material de placa protésica, uma vez que não cumprem os critérios de sustentabilidade da carga mínima. Por outro lado, de acordo com a resistência à tração final do material SS316L, este falhará a 800 N. É evidente que o SS316L se torna um material melhor do que o nylon e a alumina. O Ti4A16V é o material mais forte, capaz de suportar uma carga estática de 2100 N, de acordo com a sua resistência à tração final.

-Da mesma forma, durante a cicatrização do osso do fémur fracturado a meio da haste, é necessário que o material seja menos rígido para que a deflexão máxima ocorra em condições de carga estática. Concluiu-se do estudo que a alumina e o nylon são materiais menos flexíveis e apresentam deflexões máximas de 1,682 mm e 2,475 mm na cabeça do fémur, respetivamente, antes da rutura devido ao facto de ultrapassarem a sua resistência à tração final. Agora, o SS316L é menos rígido do que o nylon e a alumina, porque o SS316L sofre uma deflexão de 2,475 mm antes da rotura, em comparação com os outros materiais. Observa-se que o Ti4al6v, com uma deflexão máxima de 7,548 mm, tem a rigidez mais baixa e o material mais flexível durante a cicatrização do osso.

-Analisar um efeito na fratura dupla do fémur, variando o número de parafusos de 10 para 14 e o comprimento da placa protésica de 165 mm para 185 mm, através das mesmas tensões de contacto no local da fratura de diferentes comprimentos da placa óssea. O Ti4A16V é mais uma vez selecionado como o material mais adequado devido à sua tensão mínima e maior deformação.

8.2 Âmbito futuro

- Verificar-se-á que a combinação de termoplásticos com uma composição adequada de compósitos pode ser a melhor opção para a seleção do material da placa de implante. A solução mais adequada é a utilização da combinação de termoplástico PMMA e fibra de carbono com um grau adequado de epóxi e ligante endurecedor. Este material compósito será provavelmente o biomaterial mais adequado em função da sua máxima resistência e menor densidade. Será utilizado através da aplicação de um revestimento de fosfato de cálcio.

- A investigação pode também centrar-se na análise da fadiga, tendo em conta a flutuação das cargas em função das variantes temporais, para além da marcha, da corrida, do olhar fixo, dos saltos e de outras actividades físicas. Na análise FEA, a análise modal pode ser utilizada para a análise da fadiga.

- Na simulação do fluxo de sangue e das forças musculares do osso do fémur, podem variar outras condições de fronteira e verificar outras curvas caraterísticas através da simulação. Novas investigações podem ser realizadas considerando as forças musculares que produzem efeitos de torção no osso do fémur, considerando a análise do fluxo sanguíneo sob a forma de pressão sanguínea, velocidade e taxa de fluxo de massa.

- Os diagramas de contorno também mostram que a distribuição de tensões em toda a superfície da placa e dos parafusos, especialmente a concentração de tensões, aumenta com a magnitude das tensões. Ao reduzir a concentração de tensões dos vários parâmetros dimensionais da forma, as tensões e as deformações diminuirão.

- A consideração de diferentes combinações do número de parafusos pode ser considerada uma boa opção para a otimização do design. A implementação de uma sequência par e ímpar para fixar o parafuso nos orifícios durante a fixação da placa com a ajuda de parafusos pode ser estudada mais aprofundadamente.

- Ao implementar as principais alterações nas caraterísticas de design, pode ser fornecido o melhor design optimizado da placa protética.

Referências

[A] K.S.Zakiuddin, I.A.Khan e R. A. Hinge, "A Review Paper on Biomechanical Analysis of Human Femur," *International Journal of Innovative Research in Science and Engineering,* vol. 2, no. 3, pp. 336-356, 2016.

[B] R. M. Deshmukh, Prof. S. S. Kulkarni "Experimental Investigation and Prediction of Mechanical Properties of a Composite Material for Bone Plate," *Application, International Journal of Science, Engineering and Technology Research (IJSETR),* vol. 4, no. 8, pp. 2871-2875, agosto de 2015

[C] R. M. Deshmukh e S. S. Kulkarni, "A Review on Biomaterials in Orthopedic Bone Plate Application," *International Journal of Current Engineering and Technology,* vol. 5, no. 4, pp. 2587-2591, agosto de 2015.

[D] A. Gaurvadkar e N. S. Biradar, "Avaliação da resistência mecânica do sistema de pregos femorais Atlas por flexão de quatro pontos usando FEA- Um artigo de revisão," *International Journal on Innovations In Mechanical and Automotive Research,* vol. 1, no. 2, pp. 1218, abril de 2015.

[E] S. Das e S. K. Sarangi, "Finite Element Analysis of Femur Fracture Fixation Plates," *International Journal of Basic and Applied Biology,* vol. l,no. l,pp. 1-5,2014.

[F] E. Vandenbussche, M. LeBaron, M. Ehlinger, X. Flecher, G. Pietud e Sofcot, "Bladeplate fixation for distal femoral fractures: A case-control study", *Elsevier Masson SAS Orthopedics & Traumatology: Surgery & Research,* pp. 555-560, 2014.

[G] N. Phate, R. Nareliya, V. Kumar e A. Francis, "Three-Dimensional Finite Element Analysis of Human Tibia Bone," *International Journal of Scientific Research Engineering & Technology,* vol. 3, no. 1, pp. 52-56, abril de 2014.

[H] Saghar Nasr, Stephen Hunt, Neil A. Duncan, "Effect of screw position on bone tissue differentiation within a fixed femoral fracture," J. *Biomedical Science and Engineering,* vol. 6, pp. 71-83, Dez. 2013.

[I] Sherekar R.M, Pawar A.N., "Numerical Analysis of Human Femoral Bone in Different Phases," *International Journal of Engineering and Innovative Technology,* vol. 2, no. 12, pp. 86-90, junho de 2013.

[J] A. G. A. Latif Aghili, M. Hojjati, S. Rabiee, M. Imani e A. Paknahad, "Investigação biomecânica do fémur humano por engenharia inversa como método robusto e simplificações aplicadas", *World Applied Sciences Journal,* pp. 2152-2157, 2013.

[K] P. S. Maharaja, R. Maheswaranb e A. Vasanthanathana, "Numerical Analysis of Fractured Femur Bone with Prosthetic Bone Plates," *International Conference on Design andManufacturing-Elsevier-Procedia Engineering,* pp. 1242-1251, 2013.

[L] M. Moazen, J.H.Mark, L.W.Etchels, Z.Jin, R. Wilcox, A. Jones e E.Tsiridis, "The effect of fracture stability on the performance of locking plate fixation in periprosthetic femoral fractures," *Journal of Arthroplasty,* pp. 1-27, 2013.

[M] M. J. Fox, J. M. Scarveil, P. N. Smith, S. Kalyanasundaram e Z. H. Stachurski, "Os orifícios de perfuração laterais diminuem a resistência do fémur: um estudo de observação utilizando elementos finitos e análises experimentais," *Journal of Orthopedic Surgery and Research,* pp. 1-8, 2013.

[N] D.Amalraju, A.K.Shaik Dawood, "Análise da avaliação da resistência mecânica do aço inoxidável e da placa de bloqueio Ti-6A1-4V para a fratura óssea do fémur", junho de 2012.

[O] A. Yousif e M. Aziz, "Biomechanical Analysis of the human femur bone during normal walking and standing up," *Journal of Engineering,* vol. 2, no. 8, pp. 13-19, agosto de 2012.

[P] A. T. Gouda, J. S. P, K. R. Dinesh, V. G. H e N. Prashanth, "Caracterização e Investigação das Propriedades Mecânicas de Materiais Compósitos de Polímeros de Fibra Natural Híbrida utilizados como Implantes Ortopédicos para Próteses Ósseas do Fémur," *IOSR Journal of Mechanical and Civil*

Engineering, vol. 11, no. 4, pp. 40-52, julho de 2012.

[Q] R. Nareliya e V. Kumar, "Finite Element Application to Femur Bone: A Review," *Journal of Biomedical and Bioengineering,* vol. 3, no. 1, pp. 57-62, junho de 2012.

[R] Christian Wong, Peter Mikkelsen, Leif Berner Hansen, Tron Darvann & Peter Gebuhr, "Finite Element Analysis of Tibial Fractures" maio de 2010.

[S] P. Talaia, A. Ramos, I. Abe, M. Schiller, P. Lopes, R. Nogueira, J. Pinto, R. Claramunt e J. Simões, "Plated and Intact Femur Strains in Fracture Fixation Using Fiber Bragg Gratings and Strain Gauges," *Experimental Mechanics,* pp. 355-363, 2007.

[T] D. Popa, G. Gherghina, M. Tudor, D. Tamita, "3D Graphical Modelling Method for Human Femur Bone" vol. 1, no. 2, Dez. 2006.

[U] M. Doblar, J. Garc e M. Gomez, "Modelling bone tissue fracture and healing: a review" Engineering Fracture Mechanics," 2004.

[V] A.Jahan, K.L.Edwards e M.Bahraminas, "Multi Criteria Decision Analysis for supporting the selection of Engineering Materials in Product Design", vol.2, 2004.

[W] T. Zuylan e K. A. Murshid, "An Analysis of Anatolian Human Femur Anthropometry," *Departamento de Anatomia, Faculdade de Medicina,* pp. 231-235, 2002.

[X] R. M. S. Sherekar e S. V. Bhalerao, "Biomechanical & Fe Analysis of The Customized Femur Implant for Performance Evaluation," *International Journal of Research In Science & Engineering,* vol. 1, no. 3, pp. 86-97, 2012.

[Y] D.Bubesh Kumar, K.G.Muthurajan "Finite Element Analysis of Equivalent Stress and Deformation of Cement less Hip Prosthetic," *International Journal of Engineering Development and Research,* pp. 93-97,2011.

[Z] G. Hedjazi, "Assessment of processing techniques for Orthopedic Thermoplastic" Series Number Biotechnology," vol. 1, no. 1, 2009.

Apêndice I

LISTA DE PUBLICAÇÕES

Documento aceite

Ajay Dhanopia, Manish Bhargava, "Finite Element Analysis of Human Fractured Femur Bone Implant with Prosthetic Plate and Screws" Elsevier Procedia Engineering, Implast, Out.-2016.

Artigo publicado

Ajay Dhanopia, Manish Bhargava, "Selection of Suitable Biomaterial for Prosthetic-Plate using Multi Criteria Decision Analysis" International Journal of Scientific Research Engineering & Technology (IJSRET), ISSN 2278 - 0882, Volume-5, Issue-9, Sept-2016.

Apêndice-II

Questionário

Discussão com o Dr. Arun Partani, cirurgião ortopédico sénior (Hospital Santokba Durlabhji, Jaipur)

Q. 1. Quais são as principais causas de formação de fracturas no osso do fémur?

P.2 Como são classificados os principais tipos de fracturas?

P.3 Quanto tempo demora a recuperação do osso do fémur fracturado implantado com uma placa protésica?

Q.4. Quais são as principais soluções que gostariam de ser observadas na envolvente de ossos fracturados (veias/músculos) suportados pela placa protética nos próximos anos?

Q.5. Que tipos de material seriam utilizados para o fabrico de placas ósseas protésicas e qual é o melhor material otimista, desde a tendência convencional à atual?

Q.6. Qual seria o perfil/desenho da placa de suporte e dos parafusos?

Q.7. Como é que o peso do corpo humano deve ser distribuído / calculado em condições de carga estática?

Q.8. Quais são os parâmetros dimensionais do osso, da placa de suporte e dos parafusos?

Q.9. Como é que duas partes do osso fracturado devem ser unidas e suportadas por uma placa protésica?

Q. 10. Quantos parafusos são necessários para fixar a placa do osso fracturado?

Q.l 1. O número de parafusos depende do número de fracturas ou do comprimento da fratura ou do comprimento da placa?

Q. 12. Quantas placas Eire utilizou para o número de fracturas observadas no osso do fémur?

Q.13. Para uma fratura múltipla, utilizam-se placas simples ou múltiplas?

Q. 14. Quanto tempo é necessário para remover a placa do osso humano?

Q.15. Quais são os principais efeitos considerados antes da cirurgia em diferentes secções etárias (criança/adulto/velho)?

Q. 16. É adquirida alguma reação química para unir o osso durante a cicatrização inicial?

Q.17. Quais são as principais inovações/tendências recentes no domínio da implantação de ossos fracturados?

Q.18. Quais são os principais critérios e propriedades considerados durante a seleção do material de implante?

Q. 19. O osso deve ser considerado um material isotrópico ou anisotrópico?

Q.20. Como se comportaria o material numa situação de variação de carga?

Q.21. O que acontece em condições de carga estática e dinâmica?

Q.22. Que material é mais preferido nas indústrias médicas indianas?

Q.23. Existe algum fator de custo que domine os critérios de resistência do material do implante?

Q.24. O comprimento, a espessura, a área da secção transversal e o número de parafusos da placa variam quando o osso está sujeito a uma fratura simples ou dupla?

Printed by Books on Demand GmbH, Norderstedt / Germany